U0183681

武汉艺电论坛

系列文集

第五辑

主　编　叶朝辉

交融思想　砥砺创新

华中科技大学出版社
http://www.hustp.com
中国·武汉

图书在版编目(CIP)数据

武汉光电论坛系列文集.第五辑/叶朝辉主编.—武汉:华中科技大学出版社,2020.9

ISBN 978-7-5680-6643-3

Ⅰ.①武… Ⅱ.①叶… Ⅲ.①光电子技术-文集 Ⅳ.①TN2-53

中国版本图书馆 CIP 数据核字(2020)第 178513 号

武汉光电论坛系列文集(第五辑)
Wuhan Guangdian Luntan Xilie Wenji(Di-wu Ji)

叶朝辉　主编

策划编辑:徐晓琦
责任编辑:曾小玲　徐晓琦
封面设计:原色设计
责任校对:刘　竣
责任监印:徐　露
出版发行:华中科技大学出版社(中国·武汉)　　电话:(027)81321913
　　　　　武汉市东湖新技术开发区华工科技园　　邮编:430223
录　　排:武汉楚海文化传播有限公司
印　　刷:武汉科源印刷设计有限公司
开　　本:710mm×1000mm　1/16
印　　张:13
字　　数:272 千字
版　　次:2020 年 9 月第 1 版第 1 次印刷
定　　价:48.00 元

《武汉光电论坛系列文集》(第五辑)
编　委　会

序 preface

2008 年 3 月，武汉光电国家实验室（筹）（Wuhan National Laboratory for Optoelectronics，WNLO）（现称武汉光电国家研究中心）发起并组织举办了“武汉光电论坛”系列学术讲座。截至 2020 年 8 月，该论坛已经成功举办了 167 期。

武汉光电国家研究中心依托华中科技大学，是科技部首批批准组建的 6 个国家研究中心之一，是适应大科学时代基础研究特点的学科交叉型国家科技创新基地，是国家科技创新体系的重要组成部分。其前身武汉光电国家实验室（筹），为科技部 2003 年首批批准筹建的五个国家实验室之一，2017 年获批组建武汉光电国家研究中心。

武汉光电国家研究中心面向信息光电子、能量光电子和生命光电子三大领域，以三个重大研究任务（海陆空天一体化光网络、绿色高效光子循环与光子制造、脑连接图谱与类脑智能）为牵引，围绕集成光子学、光子辐射与探测、光电信息存储、激光科学与技术、能源光子学、生物医学光子学、多模态分子影像、生命分子网络与谱学等 8 个方向，开展基础性、前瞻性、多学科交叉融合的创新研究，力争成为在光电科学领域具有重要国际影响力的学术创新中心、人才培育中心、学科引领中心、科学知识传播和成果转移中心，为国家实施创新驱动发展战略和建设世界科技强国做出重要贡献。

武汉光电国家研究中心始终把“为国民经济主战场服务”作为自己的责任与使命，通过开展前沿科学与跨学科研究，引领行业发展方向，同时在技术创新与成果转化、光电测试、光电行业标准建立、光电人才培养与培训等方面为“武汉·中国光谷”和光电行业发展与产业化提供多方位的支撑与服务。

武汉光电国家研究中心已成为我国光电领域国际交流与合作的重要平台，打造了“武汉光电论坛”等高水平学术交流品牌，至今已有 100 余名海内外大师大家来论坛讲学。

武汉光电国家研究中心是国家科技创新体系的重要组成部分和“武汉·中国光谷”的创新研究基地，是定位于国家创新体系下的科研基地、光电科学与技术的学科创新基地，也是光电领域高层次、复合型、创新性人才培训基地以及光电领域国际交流与合作基地。武汉光电国家研究中心为推动民族光电产业进一步发展、提升我国光电产业国际竞争力提供了强有力的科学和技术支撑,并积极参与、深度融入武汉东湖国家自主创新示范区的建设,为区域经济发展做贡献。

根据武汉光电国家研究中心的定位和建设目标,我们强调"依托光谷、省部共建、资源整合、区域创新",并为"武汉光电论坛"确立了"交融思想、砥砺创新"的宗旨。论坛邀请在光电领域取得重要学术成就的科技专家,面向光电学科与产业发展的重大需求,介绍光电学科前沿和专业技术进展,讨论关键科学问题与技术难点,预测学科与产业发展趋势,从而打造融汇光电智慧的思想库,为促进"武汉·中国光谷"乃至全球的光电科技产业发展出谋划策。

为精益求精,保证论坛的学术水平,武汉光电国家研究中心制定了严格的流程,指定专人认真组织和协调。每期论坛的筹备工作都超过一周,旨在与主讲人充分沟通论坛要求和报告主题,务求报告能紧扣主题,介绍光电学科前沿和专业技术进展,讨论关键科学问题与技术难点,预测学科与产业发展趋势,提供一份业界、项目管理者、学术界都感兴趣的热点问题的综述,并能给相关行业或领域以启发。

"武汉光电论坛"目前已经引起业界的广泛关注,专业人士纷纷慕名而来。为拓展知识传播途径、搭建信息沟通桥梁,每期论坛的内容都会在有关部门和机构的网站上同步转发,供相关研究人员下载。现将第118~143期论坛的主要内容整理成文,并汇编出版(第1~117期已于2009年、2012年、2016年和2017年分别出版),借此使得所有信息对外公开,以促进学术交流与合作,引起共鸣。

感谢莅临"武汉光电论坛"并作出精彩演讲的各位教授和学者,感谢长期以来为"武汉光电论坛"忙碌的武汉光电国家研究中心办公室全体职员,感谢参与"武汉光电论坛"的各位师生,感谢为此文集付梓作出努力的华中科技大学出版社的编辑。没有你们的努力,"武汉光电论坛"的发展不会如此迅速;没有你们的努力,也不会有本文集的面世。感谢教育部、国家外国专家局"高等学校学科创新引智计划(111计划,B07038)",光电子技术湖北省协同创新中心建设专项,以及华中科技大学校园文化品牌建设项目对"武汉光电论坛"的资助。

我们真诚希望能够通过本文集给大家带来一些思考和启示。知识的传递是一项崇高的事业,是一种不尽的幸福,更是一种无私的奉献。我们将不断完善"武汉光电论坛",通过学术交流与合作,为大家奉献更加丰硕的成果。

叶朝辉

2020年8月

目录 contents

苏翼凯　上海交通大学电子信息与电气工程学院教授、博士生导师，长江学者特聘教授，国家杰出青年科学基金获得者。IEEE 光子学会上海分会主席，Advanced Optical Materials Advisory Board Member（2015—），*APL Photonics* Associate Editor（2016—2018），*Photonics Research* Associate Editor（2013—2019），*Optics Letters* Topical Editor（2008—2014），*IEEE JSTQE* Guest Editor（2008/2011），*Applied Optics* Feature Editor（2008）。毕业于合肥工业大学（学士，1991）、北京航空航天大学（硕士，1994）、美国西北大学（博士，2000）。1999 年部分时间及 2001—2003 年于美国新泽西州贝尔实验室工作，2004 年至今任上海交通大学教授。研究方向为光电子器件及集成、传输与交换光子学。发表论文 300 余篇，被引用超过 3000 次（Scopus 检索），受邀在国际会议上作报告约 50 次。拥有授权美国专利 6 项、中国发明专利 50 多项。担任多个国际会议共同主席（ACP 等）、国际会议技术委员会委员（CLEO、OFC、ECOC、LEOS 等）。

第118期

Silicon Photonic Devices for Optical Signal Processing in Wavelength, Polarization and Mode

Keywords：silicon photonic，wavelength division multiplexing，space division multiplexing，polarization division multiplexing，optical filtering

第118期

用于波长、偏振和模式信号处理的硅光子器件

苏翼凯

1. 片上光学信号处理

硅在地球上有着非常丰富的储藏量，凭借着硅材料在近红外和中红外波段具有高折射率、低损耗、低非线性的天然优势，以及硅光子技术与CMOS工艺的兼容性，硅光子器件被越来越多地应用到光电子集成器件的结构设计中。近年来，随着通信需求的增大，光通信技术对信号处理的要求越来越高，对光电子集成器件的要求也趋于小型化、高集成度、低功耗。在物理层面上的光信号处理包括了五类，分别是时间、振幅相位、偏振、波长、空间五个维度，对应的技术分别是时分复用、高阶调制格式、光的偏振复用、波分复用以及空分复用(包含模分复用)。我们设计的集成器件集中在后面三类应用上，包括波长、偏振、模式维度上的操控。为此，我们分别提出并设计了三大类共七种不同的硅光子集成器件来满足不同维度的光学信号处理。第一类是波长维度上的光学信号处理，基于萨格纳克环(Sagnac)的反射特性来实现片上光学滤波功能，包括一个中心波长与带宽同时可调的梳状滤波器和一个中心波长可调的交趾型滤波器。其中，交趾型滤波器是基于迈克尔逊干涉仪的原理和干涉回路结构设计的。第二类是偏振维度上信号的控制和处理，包括一个基于光栅反向、定向耦合器辅助的硅基偏振分束器，该偏振分束器具有30 dB的高消光比；此外，还包括一个仅有8.77 μm耦合长度的超紧凑硅基偏振分束和旋转器。第三类器件是片上波长、模式和偏振三个维度的光学开关。我们设计了一个具有超小体积的2×2的热光开关，可以达到1.23 nm/mW的高调节效率和0.16 mW的低开关能量。并且我们针对片上的模分复用/偏振复用光学系统，提出了一个片上同时具有模式和偏振可选择的光开关结构，并实现了1×2和2×2的片上模式和偏振可选择性的大规模光开关。

2. 光学滤波器(波长维度)

1)交趾型滤波器

交趾型滤波器在波分复用系统中的应用是非常普遍的。其一般是由三个端口组成

的，分为奇、偶两个通道。如果交趾型滤波器的通道间隔是 25 GHz，那么奇、偶两个通道的间隔均为 50 GHz。如此一来，通道之间的串扰可以尽可能地抑制，多个波长就可用于平行的数据传输。反过来，交趾型滤波器也可用于波长维度上的分束。一般来说，交趾型滤波器的消光比要接近 30 dB 才能在通信系统中使用，但是目前商用的交趾型滤波器是采用光纤或自由光路设计的，整个器件的尺寸较大(例如 120.2 mm×25.2 mm×12.4 mm)，因此我们可以用硅基的片上集成来实现微型化目标。

首先简要介绍一下硅基波导器件，包括微环等。硅基具有体积小、与 COMS 工艺兼容、可与电子器件集成的优势。常用的 SOI 芯片中，硅的厚度为 250 nm，波导宽度为 500 nm，二氧化硅缓冲层的厚度为 3 μm，模场体积约为 0.1 μm^3。在之前的文献中，有报道通过微环辅助的马赫-曾德尔干涉仪来实现方形滤波，还有通过光栅辅助的迈克尔逊干涉仪来实现类似的功能。为尽量减少器件的尺寸，我们对基于 MGTI 原理的结构进行简化，提出用一个 FP 腔嵌套在一个环路里面的方法。这样一来，不仅结构只有一个腔，而且便于调谐。这个器件是在上海交通大学自己建设的工艺平台完成的，经过两次的电子束曝光和等离子体刻蚀，光栅和器件的图形转移得以完成，接着通过化学气相沉积二氧化硅来覆盖保护硅波导，最后便是蒸镀金属作为电极，整个器件尺寸约为 106.4 μm×55.1 μm。器件的测试光谱范围从 1510 nm 到 1570 nm，消光比约20 dB，自由频谱范围是 1.96 nm，3 dB 带宽约 1.11 nm，20 dB 带宽是 1.575 nm，20 dB 带宽与 3 dB带宽的带宽比可以达到 1.42。同时，通过热调谐振腔，该交趾型滤波器的中心波长偏移量可以超过一个自由频谱范围，达到 2.39 nm，调节效率约为0.085 nm/mW。

2)波长和带宽可调的梳状滤波器

这种结构的基本原理是构造一个 FP 腔，腔的反射是通过环形反射结构来实现的。为达到带宽可调的目的，腔的反射必须是可控的。当反射率变化时，腔的 Q 值也就随之变化，带宽也就可以调谐。为此，环形反射镜的耦合结构分别用两臂可热调的马赫-曾德尔干涉仪来代替。当四个热调的相移器同时等量加功率时，该梳状滤波器的波长可以漂移，带宽保持不变；当四个热调的相移器以差分形式改变功率时，可以使得中心波长不变，同时带宽是可调的。根据测试结果可以发现，中心波长的漂移可超过一个自由频谱范围，带宽亦可在很大范围内调谐。

3. 偏振分束器、旋转器(偏振维度)

1)偏振分束器

我们知道，在普通的单模波导中(500 nm×220 nm)，TE 模式和 TM 模式的有效折射率是不同的，这就导致了双折射效应。考虑到偏振的多样性，要在一个系统中充分利用不同的偏振，偏振分束器和偏振旋转器是关键性器件。为此，就要求偏振分束器具有高偏振消光比、低插损、大工作带宽以及较大的工艺容差。该器件的设计基于光栅辅助的反向、定向耦合结构。当 TE 光输入时，反向耦合出 TE 光，而直通端无 TE 光；当 TM

光输入时,从直通端输出,而并无反向耦合。我们根据器件的测试结果,比较了不同光栅周期数目下 TE 模式和 TM 模式分别输入时的偏振消光比,发现对于 TE 输入而言,光栅周期数目越大,消光比越高,因此必须在器件的长度和消光比之间做一些取舍。紧接着我们测试了器件在宽谱范围内的特性,在波长为 1517 nm 至1538 nm时,两个偏振输入均可得到超过 30 dB 的消光比,同时插损均小于 1 dB。显然这个波长范围并不能覆盖整个 C 波段,还需要进一步优化结构参数。此外,该器件的工艺容差也是大家非常关注的一点。和诸多已发表的文章中的结构相比,虽然该器件的工作带宽只有 21 nm,但是可以达到 30 dB 的消光比。在工艺容差方面,器件宽度为±10 nm,耦合长度可以在很长的范围内波动(13.76～30.96 μm)。

2)偏振分束、旋转器

同样,考虑到在偏振多样性系统中的不同偏振的有效结合、复用,我们提出一个器件将偏振分束、旋转功能相结合。由于没有二氧化硅作为包层覆盖,波导在垂直方向的对称性被打破了,利用弯曲的定向耦合结构,就可以实现交叉的偏振耦合。通过波导有效折射率匹配,波导的宽度就可以选定了,分别为 588 nm 和 315 nm。我们用三维的 FDTD 仿真,当 TE 偏振光输入时,直接从直通端输出;当 TM 偏振光输入时,TM 光可以耦合到另一根波导,变成 TE 偏振光。弯曲的定向耦合器角度为 26°,同时具有迄今报道的最短的耦合长度约 8.77 μm。

测试结果显示,直通端 TE 输入光在 1530～1600 nm 范围内插损小于 0.3 dB,在 1564 nm 处 TM 模式至 TE 模式的转化插损只有 0.135 dB,在 1544～1585 nm 范围内插损小于 1 dB。考虑到工艺容差,我们分别测试了不同波导宽度下和不同硅厚度下的偏振转换损耗,结果显示在±10 nm 范围内转换损耗均比较稳定。与报道过的结构相比较,此偏振旋转器最大的优势在于器件耦合长度非常小。其他的指标方面与已有报道相比,如插损、串扰、带宽均各有优势弱势。

4. 光开关(波长/偏振/模式维度)

1)光子晶体微腔辅助的光开关

光学开关是片上光网络中的重要结构部分。常用的结构,像马赫-曾德尔干涉仪可实现宽谱范围内的波长光开关,但是器件尺寸很大;微环也可用于光开关,虽然器件尺寸不大,但是工作带宽很小,这两类结构各有优劣。因此,我们提出用光子晶体微腔辅助的马赫-曾德尔干涉仪来实现超小尺寸、超低能量消耗的光开关。

我们采用光子晶体微腔的原因是它可以具有极小的模体积,可以增大光与物质的相互作用,如此一来就可以进行有效的热调,实现低能量下的光开关切换。光子晶体微腔结构位于两根耦合波导中间,基于耦合模理论,当光从一根波导的一端入射时,四个端口输出光的能量是相等的,均为 25%。结合马赫-曾德尔干涉仪的结构,当两臂的相位差满足一定条件时,仿真结果显示可以实现 0.18 nm 的 3 dB 带宽,消光比可以达到

19 dB，最大输出能量为输入的 89%。

整个器件的尺寸是 150 μm×30μm，其中，蒸镀的钛电极可分别用于中心波长的移动和输出两端消光比的调谐。在测试中，通过金线连接器件的电极和 PCB 板来供电。通过给光子晶体微腔供电，可以实现 1.7 nm 的中心波长漂移，调节效率可以达到 1.23 nm/mW；同时 3 dB 带宽波长漂移需要 0.16 mW 的转换能量。与已报道的器件相比，该器件的优势在于开关能量要小很多。

2）模式/偏振的选择性切换

模分复用/偏振复用作为片上可以使用的一个维度，相对于波分复用有自己的优势，比如只需要单波长光源而不是多个光源。类似于波分复用中的光开关，对于模分复用/偏振复用系统而言，选择性光开关可将输入的不同模式和偏振光任意切换从不同端口输出。

我们提出了一个 1×2 的模式和偏振选择性光开关，4 个 TE 模式和 4 个 TM 模式首先复用在一个通道，解复用之后变成基模操作，先经过 8 个马赫-曾德尔光开关，然后 28 个光交叉结构用于实现 2 个通道内的 4 个 TE 模式和 4 个 TM 模式之间的任意切换。测试结果显示，对于 TE_0模式和 TE_1模式通道的切换，插损低于 5 dB，模式内部之间串扰低于－20 dB。对于其他 6 个模式，在 1550 nm 波长处，插损低于 8 dB，模式内部之间串扰低于－16 dB。至于模间串扰，在 1550 nm 波长处，TE_3通道的性能最差，其他模式的模间串扰均低于－15 dB。在系统测试实验中，任意波形发生器 AWG 产生DD-OFDM 信号加载到调制器上，再经过 EDFA 放大进入到器件中，最后整个开关的切换能力可以达到 583.2 Gb/s。

最后讨论的大规模器件是 2×2 的模式和偏振选择性光开关，我们在系统中使用偏振分束器作为基本单元结构来减小模间串扰。整个结构中用到了 12 个偏振分束器，8 个马赫-曾德尔光开关，4 个模式复用器，以及 40 个光交叉结构。测试结果显示，对于 TE_0模式和 TE_1模式，插损分别为 6.7 dB 和 7.3 dB，在 1550 nm 波长处模式内部的串扰均低于－22.8 dB。至于模间串扰，TM_0模式和 TE_1模式通道效果最差。在 1550 nm 波长处，对于 TM_0模式和 TE_1模式通道的模间串扰分别低于－24.2 dB 和－22.8 dB。经过系统的信号传输误码率低于 FEC 阈值，该 2×2 模式和偏振选择性光开关的切换能力可以达到 748 Gb/s。

为进一步提高通信系统中的光开关的切换能力，模式与偏振的选择性光开关可以与波长维度上的光开关相结合，同时实现模式、偏振、波长三个维度的选择性交换。

5. 总结

在本文中我们介绍了用于波长、偏振和模式信号处理的三类硅光子器件，分别对应于光信号处理中的波长、偏振和模式三个维度。

第一类包括片上光学梳状滤波器和交趾型滤波器，通过萨格纳克环环形结构构造

FP腔来简化结构,实现中心波长可调的交趾型滤波器。器件的测试光谱范围从1510 nm到1570 nm,消光比约20 dB,自由频谱范围是1.96 nm,3 dB的带宽约1.11 nm,20 dB的带宽是1.575 nm,20 dB带宽与3 dB带宽比可以达到1.42。同时,通过热调谐振腔,该交趾型滤波器的中心波长偏移量可以超过一个自由频谱范围,达到2.39 nm,调节效率约为0.085 nm/mW。根据测试结果可以发现,中心波长的调节可超过一个自由频谱范围,带宽亦可在很大范围内调谐。

第二类是关于偏振分束器和偏振旋转器的设计。和诸多已发表的文章中的结构相比,我们实现的偏振分束器虽然工作带宽只有21 nm,但是可以达到30 dB的高消光比。在工艺容差方面,器件宽度是±10 nm,耦合长度可以在很长的范围内波动(13.76~30.96 μm)。我们提出的偏振旋转器与报道过的结构相比较,最大的优势在于器件耦合长度非常小(8.77 μm);与已有报道相比,其他指标如插损、串扰、带宽等,均各有优劣。

最后第三类包括一个特殊设计的光子晶体微腔辅助的光开关、两个大规模的模式和偏振选择性光开关。对于第一个光开关,通过给光子晶体微腔供电,可以实现1.7 nm的中心波长漂移,调节效率可以达到1.23 nm/mW;同时3 dB带宽波长漂移需要0.16 mW的转换能量。与已报道的器件相比,该器件的优势在于调节效率很高,同时转换能量要小很多。最后两个大规模的硅光子集成器件同时实现了模式和偏振选择性光开关。

这7种新型的硅光子集成器件在器件功能和整体性能方面都有进展,在某些方面如调节效率、器件尺寸,有较大的突破。

(记录人:郑爽　审核:王健)

关柏鸥 1972年生，国家杰出青年科学基金获得者，国家高层次人才特殊支持计划科技创新领军人才。本科毕业于四川联合大学（现四川大学），在南开大学获得硕士和博士学位，在香港理工大学做博士后。现任暨南大学光子技术研究院院长、校学术委员会副主任委员，广东省光纤传感与通信技术重点实验室主任。主要从事光纤器件、光纤传感技术、生物光子学、微波光子学方面的研究。主持科研项目20余项，其中国家自然科学基金重点项目2项。发表SCI论文160余篇，SCI他引1600余次。多次在*IEEE J. Sel. Top. Quantum Electron.*和*IEEE J. Lightwave Technol.*等期刊上发表特邀论文，受邀在国际会议上作报告30余次，荣获欧洲光纤传感器会议最佳论文奖。曾担任第十届国际光通信与网络会议大会主席、第四届国际特种光纤会议大会主席、第二届亚太光学传感器会议大会共同主席、第五届亚太微波光子学会议TPC共同主席。现为国际光纤传感器会议TPC成员、*Photonic Sensors*编委、*Chinese Optics Letters*专题编辑。

第119期

Dual Frequency Interferometric Fiber-optic Sensing Technology

Keywords: fiber sensing, dual frequency interference technology, optical fiber gratings, biological photoacoustic imaging

第119期

双频干涉型光纤传感技术

关柏鸥

1. 光纤传感技术背景

在人类社会快速发展的当今,我们都希望自己所处的环境非常安全,不受任何灾难、灾害的威胁和影响。但是,在我们所处的星球上,经常会有各种灾难、灾害事件发生。例如,2003年美国航天飞机失事,2008年我国南方雪灾导致电网瘫痪,2010年墨西哥湾海上钻井平台爆炸,2011年日本大地震及核辐射事件,等等。因此,我们所处的生产、生活环境并不安全,每天都会面临着各种未知灾难、灾害的威胁。如果在事故发生前,能有效感知和捕获灾难信息,进行灾难预警,那么绝大多数灾难是可以完全或部分避免的。比如,2003年美国航天飞机爆炸事故,事后查明是由于航天飞机绝缘材料发生老化从而断裂脱落造成的。如果事先在飞机关键的部位填埋先进的传感器,对该部位的健康状况进行实时监测,一旦发现安全问题立刻报警,把航天飞机召回后及时更换或修复该部位零部件,那么这样的爆炸事件是可以完全避免的。对于地震、海啸等自然灾害,超出了人类的控制能力范围,如果能第一时间捕捉到灾害发生地的预警信息,在灾害来临前及时地做好人员撤离疏散等准备工作,就可以大大降低这些自然灾害对人类造成的损失。比如,地震发生时,从震源深处会先向地面释放出纵波,纵波的破坏力小。如果能在远处地下填埋先进传感器,监测到先到来的纵波,在后续横波到来前及时做好准备,那么就可以很大程度降低破坏力大的横波以及横波与纵波汇合造成的更大冲击波所带来的人员伤亡和财产损失。

上述提及的先进传感器能够上天入地,有效地工作,对传感器的结构尺寸、耐高温性,以及抗电磁干扰等方面会有严格的要求。比如铺设在航天飞机上的传感器,需要尺寸小、重量轻、耐高温;深埋在地底的传感器需要避免地磁场的干扰;对电网输电线缆、道路桥梁以及长距离输送油气管道的监控等,传统的电学传感器是无法满足要求的。传统的电学传感器尺寸和质量大,充电续航时间短,并且易受环境电磁干扰等,无法满足很多监测设施和场景对传感器的要求。

光纤传感器以光纤为媒介,把被测参数转换为光纤中光波的特征参量的变化,通过

光学检测来获知信息。相比传统的电学传感器，光纤传感器具有以下几点优势。第一，抗电磁干扰，不怕雷击，适用于恶劣环境；第二，现场无须供电，安全防爆，适于易燃易爆场合；第三，信号传输距离远，适于长距离监测；第四，体积小，重量轻，适合于航空航天监测。因此，光纤传感器已逐步应用于国防、民用等领域。2003年，光纤传感器网络用于香港青马大桥的健康监测，青马大桥成为世界上最早安装光纤传感器网络的特大桥梁。2009年，光纤传感器网络用于中国第一高塔“广州塔”的监测，“广州塔”高600米，是世界上安装了光纤传感器网络的最高建筑。在欧洲，光纤传感器网络已用于空客A380的结构健康监测。国内外，光纤传感器网络已用于很多铁路干线以及井下油田的健康监测。

光纤传感器可以分为许多不同的种类，按照被测信号转化为光波特征参量的不同，光纤传感器可以分为强度调制型、偏振调制型、相位调制型以及波长调制型四种类型。其中相位和波长调制型光纤传感器应用较为广泛。相位调制型光纤传感器基于马赫-曾德尔干涉仪原理。外界环境变化会引起光纤参考臂中光波相位的变化，通过检测相位变化就可以得到被测参量信息。这类光纤传感器的优点是灵敏度高，不足之处是传感头尺寸大、服用能力差。波长调制型光纤传感器基于光纤光栅原理，外界激励会引起光栅谐振波长的移动，通过检测波长漂移就可得到被测参量变化信息。此类光纤传感器能很好地弥补相位调制型传感器的不足，但是灵敏度不够、解调成本高。为了结合相位调制型和波长调制型光纤传感器的优点，克服彼此的不足之处，我们开发了一种新型光纤传感器——双频干涉型光纤传感器。

2. 双频干涉型光纤传感器制作技术

双频干涉型光纤传感器的工作原理基于光纤光栅法布里-珀罗腔结构，一对超短距离光纤光栅能够输出单纵模。如果外界参量能够引起光纤双折射效应，光纤光栅的谐振模式就会对应两个偏振态，反应在输出上就会发生谐振波长的分裂。两个输出的偏振波长对应两个光频率，它们之间的频差可以通过拍频检测到，拍频频率高度依赖于光纤双折射程度。因此，通过监测拍频信号频率变化就可以获知外界参量的变化情况。双频干涉型光纤传感技术具备传统光纤传感的所有优点，如结构小巧、编码方式可靠、易于服用、信号处理简单、解调成本低廉、灵敏度高、信噪比高。

1）超短腔双频光纤光栅激光器制作

我们设计的双频干涉型光纤传感器的核心单元是光纤光栅对。光纤光栅起滤波作用，光栅对构成的法布里-珀罗腔起到输出纵模的作用。利用紫外干涉条纹对光纤纤芯区域进行曝光获得周期性折射率微扰，从而形成光纤光栅。紫外干涉条纹通常用相位掩膜板获得，紫外光照射掩膜板经过缝隙会形成衍射条纹，经过特殊设计的掩膜板可以抑制其他级次的衍射条纹，让能量绝大部分通过正负一级衍射出来。两束衍射光在光纤纤芯区域会产生干涉条纹，对具有光敏性的纤芯折射率周期性调制从而制作成光纤光栅。但是我们制作的光纤光栅激光器的腔长需要尽可能短,采用传统的对载氢或掺锗形成的光敏性纤芯进行 248 nm 紫外光曝光刻写,效率不高,不能制作出短腔长的光纤光栅激光器。我们提出采用 193 nm 紫外光刻写,不需要对纤芯载氢或高掺锗,可以减小光纤光栅激光器腔长,提高激光器工作效率。

2)耐高温光纤光栅激光器制作

光纤光栅按调制强度可以分为两类,一类是传统的正常曝光导致折射率增大形成正调制。这类光纤光栅在刻写过程中由于存在直流调制分量,谐振波长会向长波长漂移。并且这类光纤光栅耐高温性不好,测量误差大,很难用于特定的监测场合。另一类是过曝光让光纤纤芯整个折射率都增加,继续曝光会形成负的折射率调制。这类光纤光栅在刻写过程中谐振波长是向短波长漂移的,其耐高温性很好,能够满足特定高温场所的参量测量,适合用于耐高温光纤光栅激光器的制作。

3)应变免疫双频干涉型光纤传感器制作

双频光纤光栅传感的拍频信号大小受光纤温度与应力的双重影响。在某些对光纤有应力变化的测量场所,如果需要用传感器测量温度,应力会干扰测量结果,反之亦然。经分析,温度与应力这两个参量分别有两个不同的作用机制。对于温度而言,一方面,由于光纤制作过程中会有热应力残留,在传感时温度升高会使热应力释放,造成光纤双折射效应,这类温度作用机制对拍频信号变化是负相关的;另一方面,温度会引起光纤增长效应而使折射率变化,这类作用机制对拍频信号的影响也是负相关的。对于应力而言,应变引起的光纤双折射效应对拍频信号的影响可以正相关,也可以负相关;而应变引起光纤折射率变化对拍频信号的影响是负相关的。因此,对于应变影响而言,经过特殊设计,我们可以让应变引起的光纤双折射效应对拍频信号的影响是正相关的,而且正好抵消由应力引起光纤折射率变化对拍频信号的影响的负相关性。这样就可以开发出一种对应变不敏感的光纤传感器,以便精准地测量温度。在实际中,我们成功制作出了这类应变免疫光纤传感器,实验测量效果非常好。

我们制作的双频干涉型光纤传感器对温度响应能达到 -678 kHz/℃,最小分辨率能达到 0.03 ℃;对应力的响应为 8.75 kHz/$\mu\varepsilon$,最小分辨率为 2.3$\mu\varepsilon$,工作性能远高于传统光纤光栅传感器。

3. 传感器换能机制与其他参量测量

本文前面重点讨论了传感器对温度与应力的响应以及测量精度。在现实生活中,有很多需要被测量的参量,比如压力、位移以及加速度,等等。传统的光纤光栅压力传感器是基于外界压力对光纤轴向拉伸引起的折射率变化。我们这里讨论的双频干涉型光纤传感器的本质是基于双折射率变化引起双频信号的拍频变化。测量其他参量时,需要一种换能机制,将这些参量的变化转换为对光纤侧向压力的变化,从而引入光纤双折射拍频监测。比如,位移传感器利用悬臂梁换能,将悬臂梁自由端的位移转化为对悬

臂梁另一端被压双频光纤传感器的挤压，从而实现对位移的测量。这种测量方法精度特别高，可以达到 400 MHz/mm。如果在悬臂梁自由端放上一定质量的物体，系统做加速运动时会对悬臂梁造成一定位移，根据此原理就可以设计出速度计。同样的道理，通过换能机制，可以将双频光纤传感器设计成对磁场强度以及流体静压力进行测量。

4. 声波/超声波传感器及应用

光纤陀螺与光纤水听器是光纤在国防军事上的两大应用，其中光纤水听器用于测量海底声音信号。我们开发的双频干涉型光纤光栅传感器在声波/超声波测量方面特别具有优势。声波与光纤作用机制依赖于声波的频率。当声波频率小于千赫兹时，声波引起光纤的轴向和径向应变，而轴向应变是主要贡献；当声波频率在 10 kHz 到兆赫兹之间时，声波主要造成光纤径向应变；而当声波频率大于兆赫兹时，声波造成光纤各向异性径向应变，直接调制光纤双折射率。

相对于声波信号的频率，通过腐蚀或者增大光纤的尺寸，我们设计的双频干涉型光纤光栅传感器能够实现对不同声波频段的信号测量，而且灵敏度高、解调容易、易于服用。对于小于千赫兹的声音信号，军事上具有很重要的用途，可用来探测越来越低频的潜艇动静。利用换能机制，可以利用膜片，将水声信号转换为对光纤的侧向挤压作用，进而实现高灵敏度的水声信号低频测量，在 1 kHz 时精度能达到74 μPa/Hz$^{1/2}$，对应零级海洋噪声。对于 20 kHz 到 1 MHz 的声波信号，传统的测量方法难以检测，我们采用封装的手段人为地把光纤直径放大，用以探测对应频段的声波对光纤的非对称调制效应。这种频段的声波可以用于飞机失事后对黑匣子的搜寻，以及简单的超声成像。对于大于 1 MHz 的高频声波信号，光纤传感器可以直接测量高频声波对光纤产生的双折射效应，而且测量频段和响应范围可以随着光纤直径的减小而提高。

对高频超声信号的监测还有一个重要的应用就是可以用于光声成像。医学上传统的成像方式是超声成像，其穿透深度好但分辨率不够。现在逐渐走向应用的光学成像，比如 OCT，其分辨率高，但穿透深度比较差。光声成像结合了光学成像与声学成像两者的优势，分辨率可以达到很高，同时穿透深度也比较理想。光声成像不但可以结构成像，也能功能成像。其工作原理是，当一束脉冲光照射到生物体，生物组织的血管、黑色素等吸光物质能吸收光，再产生热，进而发出声音，通过超声检测手段监测到这类声音，最后通过一定算法就可以把组织的结构呈现出来。除了生物组织结构成像外，生物体内某些物质成分的变化，比如含氧量，光声成像都可以监测到。超声成像离不开超声传感器，传统的超声传感器基于压电陶瓷，它的缺点是如果提高分辨精度，就需要增大传感器口径。光纤传感器则不存在这样的问题，而且光纤足够纤细能够实现生物可穿戴式活体成像。通过标准靶测试，我们初步开发的光声成像分辨率能达到 3.2 μm。对头发丝的简单测试结果表明，成像深度可以达到 0.8 mm。通过对流动墨汁的成像，表明我们的光声成像速度能达到 4 Hz。对小鼠耳朵进行活体成像，成像视场能达 2 mm×

2 mm大小,分辨率为200×200,速度可以到2 Hz。这项技术我们还在继续开发,目标是进一步提高成像分辨率以及成像速度。

5. 光纤传感器的服用技术

所谓传感器服用,就是把多个传感器串联在一根光纤上,共用一个泵浦源及解调单元。针对光纤传感器服用,需要采用不同的波长作为各路信号载波。由于各路波长的拍频也不同,从而便于解调。实现不同的波长复用很简单,只需要在刻写光纤光栅的时候采用不同周期的相位掩膜板。关键是如何使不同波长的光纤激光器具有不同的拍频。拍频是由光纤的双折射决定的,控制不同的拍频,可以用均匀的紫外光或者二氧化碳激光器进行轰击曝光,改变光纤的双折射程度,从而得到不同的拍频。

6. 总结

本文介绍了一种双频干涉型光纤传感技术。具体介绍了这种双频干涉型传感器的制作技术、温度与应变响应特性,以及通过换能机制实现其他参量的测量。这类双频干涉型光纤传感器结合了传统的干涉型光纤传感器以及波长型光纤传感器的优点,其灵敏度高,尺寸小,易于解调。特别需要说明的是,其对声和超声测量具有很大优势,可以应用于光声成像。而且这类传感器可以进行多路波长以及不同拍频的复用传感。双频干涉型光纤传感器凭借其技术优势在国防以及民用等各个领域有广泛的应用价值,有利于提高国家的军事实力以及科技水平,保障人们的日常生产、生活安全。

(记录人:方良　审核:王健)

胡卫生　上海交通大学特聘教授。先后毕业于清华大学(学士,1986年)、北京科技大学(硕士,1989 年)和南京大学(博士,1997 年),1999 年于上海交通大学通信与信息系统博士后流动站出站后留校任教,被评聘为教授,2009 年起为特聘教授。先后担任区域光纤通信网与新型光通信系统国家重点实验室主任、上海交通大学电子工程系党总支书记、国家高技术研究发展计划(863 计划)"中国高速信息示范网"和"高性能宽带信息网"总体专家组成员等。担任 *Optics Express*、*Journal of Lightwave Technology*、*Chinese Optics Letter*、*China Communications* 等期刊编委,OFC 等国际会议 TPC 委员等。获国家杰出青年科学基金,享受国务院政府特殊津贴,入选国家百千万人才工程,获评全国优秀博士学位论文导师等。参研成果获国家科技进步二等奖 2 项。主要从事光传送网、数据中心光网络和宽带光接入网的研究。

第120期

Central Office Re-architectured Network as Datacenter

Keywords: central office, network re-architecture

第120期

中心局重构网络成为数据中心

胡卫生

1. 重新认识中心局

中心局可以认为是网络设备的家,这个家对于用户来说是透明的,所有的网络和设备是看不见的。中心局可以分为四类:A类机房、B类机房、C类机房和D类机房。A类机房一般用于国家级干线传输枢纽,包括干线传输枢纽和设置长途交换机、省际/省内骨干信令转接点、省际/省内骨干智能网SCP、省际/省内骨干数据网设备、大区中心软交换核心设备SS的电信机房及其动力机房。B类机房包括设置本地网汇接局、关口局、智能网SCP、信令转接点、无线市话核心网设备、传输骨干节点、数据骨干节点(含城域网核心层设备)、IDC、拨号服务器、SHLR设备的通信机房及其动力机房,5万门以上市话电信机房及其测量室、动力机房,服务重要用户及要害部门的交换、传输、数据设备通信机房,长途干线上下话路站。C类机房针对5万门以下2万门以上的市话机房、城域网汇聚层数据机房及所属的动力机房,以及长途传输中继站。D类机房包括设置模块局、用户接入网、城域网接入层设备(小区路由器、交换机)、DSLAM设备的机房,也就是我们所要讨论的中心局。

因为中心局处于最底层,和用户的距离最近,这里的设备数量、种类最多,同时也面临着设备杂、技术杂等挑战。中心局处于"最后一公里"的关键位置,已成为运营商最重要的业务资产。每一个中心局直接连接着上万个住宅用户、上万个移动用户和上千个企业用户。中心局扮演着运营商和用户之间桥梁的角色。

同时,现在的中心局也面临着很多困局。中心局内包含的设备数量很多且技术很杂,粗略估计一个中心局有大大小小300多种设备,而不同设备间的连接有的地方用电缆有的地方用光纤,大大增加了其运维成本。运营商在这一块儿投入很多,但是利润一年比一年薄。另一方面,由于历史原因,不同的业务采用不同的设备,新的业务来时,又要添置新的设备,而原来的业务所用设备仍然保留,导致了中心局内设备不断地积累,占用空间很大。同时,所有设备都是固化的,和业务绑定得比较死,不灵活,所以对于运

营商来说改变非常困难，对未来的业务也无法适应。

面对这些棘手的问题，近两年来通信行业也有一些思考，以期寻求解决办法。最显而易见的办法是，将老的设备替换为新一代设备或者说将低密度的铜线设备统一替换为高密度、高宽带的光纤设备。当然这只是一个简单的方案，但是却蕴含了一种腾笼换鸟的思想，装网络设备的家不变，但是家里面的设备全部都进行更新换代，再通过一些网络重构的技术将不同的设备进行互联，实现新中心局的重构。

2. 重新认识网络

100 多年前，贝尔发明了电话，开启了 Telecom 网络的时代。所谓 Telecom 网络就是把两个终端连接在一起。对于之前的网络通信架构，信息只会在两个终端中传输，不会进行留存，没有任何痕迹。当传统的中心局网络架构遇到网络需求量上升时，就需要不断地增加网络带宽、增加光纤、增加波长，等等。由于技术的进步，设备的性价比会得到改善，成本的开销完全可以提供更大幅度的带宽增长，从而获得利润。然而，现在网络的构架已经发生了很多变革，最主要的就是从 Telecom 转变为了 Datacom。相比于之前的用户和传输网络，如今在整个链路里多了一个数据中心（云）。用户除了和用户打交道外，还会和数据中心进行互动；同时，数据中心和数据中心之间的数据也会交互、同步。所以，这时候网络也复杂了，流量也剧增。2013 年到 2017 年通信容量从 1. 6 EB 增长到了 11. 2 EB，而世界范围的网络成本在 2014 年增长了 6%，达到了 1045 亿美元；同时，运营的成本也急剧上升，移动网络的带宽也趋于饱和。面对如此这般的数据洪水，传统的中心局网络构架已经无法承受，其运维成本和设备升级已经使得利润回报远低于预期，运营商将面临非常严峻的考验。

3. 重构从 CORD 开始

CORD 是 Central Office Re-architected as a Datacenter 的缩写，即将中心局重构为数据中心。数据中心（Datacenter）是一种新出现的网络节点，应用于广大 IT 公司，它是一个多功能的建筑物，能容纳多个服务器以及通信设备。这些设备被放置在一起是因为它们具有相同的对环境的要求以及物理安全上的需求，并且这样放置便于维护。那么我们就想，能不能将传统的运营商的中心局变为新兴的数据中心的架构。这种腾笼换鸟的思想将从根本上解决中心局内冗余的设备导致空间不足的问题，通过数据中心的方式来规划管理不同的设备，实现设备互联，从而大幅度节约设备空间和成本。笼内新换的鸟，将拥有软件自定义（SDN）、云化（Cloud）和网络功能虚拟化（NFV）的特点。这样新的中心局将会变得更开放、更灵活。

实现这种重构最关键的技术是对中心局设备的解耦和映射。对于传统 Telecom 的思想，中心局内每一个设备都是针对一个专门业务的，每一个设备都有一个编号，功能比较固化。将这样的中心局转变为数据中心架构时,第一步就是对中心局设备进行解耦,按照设备的功能来对其进行肢解,将计算、存储、安全等功能进行分类。原来一个设备就是一个"小社会",什么都有,现在将其中功能保留下来,打破其物理结构。第二步就是映射,将这些解耦下来的功能映射到数据中心的架构上。数据中心有一套标准的架构,一层层排列着各种服务器,这些服务器有负责计算的、存储的、安全的,等等,于是可以将中心局内设备的功能一一映射到数据中心的服务器上。完成解耦映射重构后,原来的中心局就变成数据中心的构架了,但是它又比传统数据中心多了通信、接入网等中心局的业务。这种重构后的中心局处于"最后一公里"关键位置,其是否还能完成相应的功能,本文将从下面三个应用场景进行解析。

1)光纤 CORD(面向家庭住宅场景)

十年前,当提到光纤到户(FTTH)的时候可能还会被嘲笑,因为当时激光器的成本还是非常高的,对于家家户户拥有一台激光器是不现实的。但是随着科技的发展,激光器变得小型化、集成化、低成本化,这使得如今光纤到户变为现实。对于光纤到户接入网,常采用 GPON 或者 EPON 等网络架构。以 GPON 来举例,在典型的方案中,数据由中心局发往 PON Splitter,再由 PON Splitter 发往各个用户家庭;反向亦然。在这个架构中,中心局需要至少三个功能设施,分别为宽带的网关、以太网汇聚交换机和 GPON OLT。

对于这种中心局的配置我们可以将其重构为数据中心,称之为 R-CORD(Residential-CORD),其方法还是采用解耦和映射。首先将所有的传统接入网网元解耦为若干部分,然后分别映射到 CORD 结构中。R-CORD 主要针对 GPON、G. fast、DOCSIS 等接入网。通过 SDN/NFV,对 CPE、汇聚交换机/BNG 和 OLT 实行 3 级解耦,简化 CPE,以 vOLT 为中心完成终端认证管理,彻底颠覆传统接入网架构,从而实现纯软架构。

由此,整个光接入网完成了一次革新。数据面由廉价的开放硬件和 VNF(vSG)处理,这些开放硬件又由 SDN 控制器和 NFV 编排器控制,它们是 ONOS、XOS 和 Openstack 等开源软件。自此,机房里的那些传统电信设备就消失了,取而代之的是通用 X86 服务器、白盒 SDN 交换机和开放 OLT 线卡刀片。

2)移动 CORD(面向 4G/5G 移动网络)

现如今,移动终端市场庞大,每个人都有一部手机。对于手机的通信,首先将信号发送到基站 eNB,eNB 又和核心网 EPC 相连,EPC 中不同的设备具有不同的功能,最后由 EPC 和公网连接实现数据的传输和处理。一个移动 CORD(M-CORD)可分为两个部分,一个是基站部分,另一个是核心网部分。所以我们要对这两个部分分别进行虚拟化和 SDN 控制。对于基站来说,和光纤不同的是,它使用的是射频信号。对于核心网来说,可以采用类似光纤的方法将不同功能、不同业务的设备器件虚拟化。

对于现在的移动市场,4G 的业务已经全面铺开了,5G 的业务 2~3 年后也将马上来

到。在这个关键的时间节点上，移动网络重构技术到来得正是时候。如果没有这种技术，2～3年后5G业务到来时，中国移动、中国联通、中国电信以及全球所有的运营商都会进行大刀阔斧的改造，既耗时又耗力。所以现在业界正在大力研究M-CORD的核心技术，争取在5G到来之前广泛应用该技术来节约时间和成本，提高利润空间。而且这种架构还可以满足未来5.5G、6G业务的需求。

M-CORD的基本实现是通过将移动接入网虚拟化、解耦。解耦后，基站、天线等物理实体还是存在，但是后台的数据处理等功能化器件被虚拟化了，放入了通用X86服务器内。M-CORD包括三部分：解耦/虚拟化RAN、解耦/虚拟化EPC、移动边缘服务。

传统RAN的构架采用专用的电信设备，BBU和RRU单独分布于eNB，在EPC侧控制面和数据面集成，导致扩展性差、效率低下。M-CORD结构下的RAN采用C-RAN结构，BBU虚拟化用开源软件和通用硬件代替，并集中于小型数据中心，开放API接口，在EPC侧实现控制面和数据面分离，以提高接入网的扩展灵活性和效率。

3）企业CORD（面向政企用户场景）

“互联网＋工业”的提出和推行，要求企业和互联网进行更好的融合才能得到良好的发展。随着“中国制造2025”“互联网＋”掀起新一轮经济发展浪潮，互联网正以摧枯拉朽之势横扫工业领域。山东省青岛市即墨区的工业化发展也再添新目标：全力推动信息化与工业化深度融合，促进传统工业向互联网工业、传统制造向智能制造转型升级。在此期间，即墨区涌现出一批享有较高知名度的制造业与互联网融合的发展示范企业，形成了独具特色的即墨发展模式。

企业对网络带宽有着更大的需求。企业内部以及不同地区的局域网一般的带宽需求都在百兆、千兆以上。随着企业CORD(E-CORD)的提出，更多的企业会选择租用服务器，数据中心的服务器安全性、长期性、利用率会表现得更好。

4. 核心网ROADM

可重构光分插复用器(Reconfigurable Optical Add-Drop Multiplexer，ROADM)就像一个立交桥一样，连接CORD到城域网，使得链路变得畅通无阻。ROADM也可以利用CORD的思想，将功能器件解耦映射到服务器上，使得CORD到城域网之间变得更为融合。

ROADM可以分解为四个部分。交换背板：一般使用WSS(波长选择开关)器件，以及必要的放大器和监控器件。传输、复用功能：包含一些信号处理，应用于不同速率、不同格式信号的弹性网络，以及调制、时钟回复等算法。光纤交换：不同的端口之间光纤交换，以及一到多的广播接口。物理层控制：实现ROADM的控制部分。这些功能性的器件都可以映射到通用X86服务器上，打破ROADM的物理结构并保留其功能。

5. 总结

本文从“重新认识中心局”“重新认识网络”两个方面,深入浅出地介绍了目前中心局网络面临的困境。由于流量带宽增加,设备运维成本上升,传统的中心局网络将无法应对大数据带来的流量洪水。本文提出了一种新颖的重构思想——腾笼换鸟。其核心就是解耦传统中心局的功能器件,将物理实体打破,但同时保留其功能,以数据中心的构架方式映射重构,这种方案被称为CORD。同时,本文解析了三种重构的场景和方案,分别为面向家庭住宅的R-CORD、面向4G/5G移动网络的M-CORD,以及面向政企用户场景的E-CORD。最后,将CORD思想应用于核心光网络ROADM,将ROADM的功能器件解耦映射到新的架构之上,有机地融合CORD和城域网之间的联系。

(记录人:赵一凡　审核:王健)

祝宁华 中国科学院半导体研究所研究员，副所长。国家杰出青年科学基金获得者，担任 *Optics Express* 等期刊 Associate Editor，国家高技术研究发展计划(863 计划)信息领域微电子与光电子主题专家，国家自然科学基金委员会国际合作咨询专家组成员。主要从事高速光电子器件及集成技术研究，发表 SCI 论文 200 余篇，出版著作 3 部；获授权发明专利 96 件(包括美国专利 2 件)，曾获国家技术发明二等奖。

第121期

Directly Modulated Semiconductor Lasers (Status and Prospect)

Keywords: optoelectronic devices, directly modulated semiconductor lasers, development prospects

第121期

高速半导体激光器(现状与展望)

祝宁华

1. 高速激光器的概念

光网络中的光电子器件有很多种类,包括光纤及光纤器件、光源、光探测器(光信号转换为电信号)、光放大器(光信号放大),以及光开关、分路器等有源无源器件。其中光纤及光纤器件是用来作为媒介传输光信号的,其发明人高琨先生在2009年因"开创性的研究与发展光纤通信系统中低损耗光纤"而获得诺贝尔奖。而光源是最为重要的基本器件,激光器的发明及相关技术也多次获得了诺贝尔奖。激光器根据调制方式可分为两类,一类是只发射激光,由外调制器再加载电信号;另一类则是直接加载电信号的激光器,称为直接调制激光器。我们这次讨论的主要是直接调制激光器,也称为高速激光器。根据另一种方式分类,光电子器件可分为电/光型器件、光/电型器件以及光/光型器件。电/光型器件包括直调半导体激光器(FP、DFB、VCSEL)、电吸收调制器、$LiNbO_3$ 调制器等。其中直调半导体激光器也是电/光型器件中最重要的器件。光/电型器件包括PD、PIN、APD光电探测器等。光/光型器件包括半导体光放大器、掺铒光纤放大器、掺铒光波导放大器、光耦合器等。

根据半导体激光器的特性分类则又有很多种。从结构分类包括法布里-珀罗(FP)、分布反馈(DFB)、分布布拉格反射(DBR)、量子阱(QW)以及垂直腔面发射(VCSEL);从性能分类则有低阈值、高特征温度、超高速、动态单模以及大功率等指标;从波导机制分类有增益导引和折射率导引两种;最后从波长分类可分为可见光、短波长、长波长以及超长波长。

半导体激光器的封装技术都是从微电子领域发展而来的,因此很多封装都可以看到微电子封装技术的痕迹。高速激光器的常见封装形式有TO封装、蝶形封装,以及TOSA、ROSA、BOSA。TO封装无制冷,其工艺简单、成本低,广泛应用于2.5 Gb/s以下LED、LD和光接收器件及组件的封装。蝶形封装因其形状而得名,适用于10 Gb/s以上高速器件封装。最后发展到TOSA、ROSA、BOSA的形式,同样适用于10 Gb/s以上高速器件封装。

那么，什么是高速激光器？高速激光器有两个基本功能：第一个功能是能够发射激光；第二个功能是能够调制，可将宽带高频信号加载到激光上发射出去。不同于激光器加调制器的方式，直调高速激光器没有外调制时带来的插损，同时功耗更低。高速半导体激光器是高速光电子器件的典型代表，被誉为光通信和光网络的“心脏”。高速半导体激光器可实现激光发射和光强度调制双重功能，将微波信号加载到光波，从而实现微波信号低损耗、长距离传输。

对于高速激光器，通常要分析静态特性和动态特性。静态特性是指功率与电流的关系(P-I 曲线)，而动态特性是指不同频率和不同驱动电流下的响应特性。当偏置电流超过某一个阈值的时候激光器就发光，不断增大电流，光功率会不断增加直到饱和，甚至可能会下降。真正工作的区域是其中的线性区域，斜率越大对应的响应度越高。对于高速激光器，仅仅关注静态特性是不够的，我们必须知道其动态特性，也就是在不同频率下的动态 P-I 曲线。当频率低于某一个值时，激光器是可以正常工作的；随着频率的提高，P-I 曲线的斜率慢慢下降。根据这个动态的 P-I 曲线，可以看到激光器在不同频率、不同功率下的响应特性，由此可以知道激光器的最佳工作点，并对激光器的某些特性进行优化。与其他类型的激光器调制方式(例如 $LiNbO_3$ 调制器、电吸收调制器)相比较，直调激光器具有较好的响应线性度。因为 $LiNbO_3$ 调制器的响应函数是 $\cos^2$ 函数，线性度很差，而电吸收调制器在这方面没有规律，在补偿电路上有较大困难，不适合大规模生产。

还有一个问题需要说明，即大信号与小信号的区别。其实大信号和小信号最大的区别是信号的幅度，跟发射的光功率没有关系。小信号是不同频率下光功率幅度的变化随信号的变化，横坐标是频率。大信号是信号的幅度覆盖整个工作范围，其关注点在于开关比，至于线性度好坏则不太关心。所以在数字通信中，我们只关注大信号，其核心指标包括码元速率、数据传输速率、误码率、调制度以及灵敏度。评价参数有误码分析(误码率、代价、压力容限)和眼图(消光比、眼高、眼宽、Q 因子)。通常用到的仪器有误码分析系统(码型发生器、误码检测器或分析仪)，还有信号源、频谱仪、光功率计等。在模拟通信中，通常关注的是小信号在不同频率下的带宽。评价参数有散射参数(带宽、反射系数)、大动态响应(1 dB 压缩点)以及复合二阶失真。通常用到的仪器有矢量网络分析仪、信号源、频谱仪、光功率计。在模拟通信中除幅频响应，相频响应也是非常重要的。如果相频响应是线性的，可以通过相位延时来修正。在无线电通信中就有对应的器件来解决相位的问题。那么从光域和电域看，响应线性范围有何区别呢？激光器输出光功率线性范围是 10 mW 到 15 mW，探测器线性响应输入光功率范围是 1 μW至 10 mW。光传输链路线性响应范围应该包括这两个范围。激光器的输入是电信号，输出是光信号，而探测器刚好相反。如果光的响应范围是 60 dB，那么电域的响应范围则为平方的关系，是 120 dB。

2. 应用领域与分类

高速激光器的应用领域非常广，包括宽带光通信、无线/有线光接入传输都需要用到激光器,可以说,它支撑着信息社会的发展。现在超级计算机也遇到了能耗的瓶颈,因此我们要提出第二个问题,什么样的高速激光器有用?实用化的激光器至少要具备以下几点要素:室温工作、电注入发光、低功耗、小体积等。厉鼎毅先生在发展光波分复用(WDM)方面有重要成就,他对激光器实用化有一个形象的描述令人印象深刻。该描述可总结为三点:第一点是小型化,第二点是稳定可靠,第三点是价格低。在1998年左右,一个2.5 G的激光器价格是三千多美金,发展到现在一个光调制解调器(简称光猫)包括收和发总共也才一百多人民币。激光器发展到实用化这一步的时候,价格已经很低了。

为明确我国高速激光器发展水平,我们对高速激光器进行了系统的分类。第一类高速激光器要求能够进行数字与模拟光通信,可以实现室温连续与单模激射,应用于光学系统光源。在这一阶段,高速激光器也分为直接调制与外调制集成两种方式,性能要求是宽带高效。为满足超级计算机CPU光互连、宽带光接入、无线通信以及雷达系统等技术要求,宽频带/高速率以及大动态范围/高消光比等关键技术指标是激光器必须具备的。

在高速激光器的响应速率达到Gb/s量级时,人们开始认识到一味突破宽频带/高速率不是提升传输速率的有效手段。为了满足通信容量增长的需求,人们发展了波分复用技术。"速率"和"能耗"一直是光网络发展过程中的两大难题。波分复用技术中不同波长的光就是不同的信道,因此对激光器又有新的要求。这就是高速激光器发展的第二阶段,多波长发射及可调谐的激光器。面对信道资源的有效利用、通信速率瓶颈、系统功耗的急剧上升以及动态智能调控这几大需求与挑战,第二阶段的激光器必须更加稳定、对准,才能在通信、传感等方面大展拳脚。像超级计算机中CPU之间的光互连,高速激光器就可以解决速率、功耗、空间、体积等方面的问题;在无线通信中,同样要求模拟光通信可抗电磁干扰、低损耗,以及无线与有线的融合,这要求直接调制激光器与探测器具有高线性、大动态范围和低功耗的特点;此外在雷达系统以及宽带光接入中,高速激光器也有很广泛的应用。

在空天地一体化网络中,空间激光通信是卫星通信网络的有效解决方案,而且这已经成为国际上的研究热点。这就要求第三类高速激光器的发展。为满足自由空间相干光通信,此时激光器的要求不同于光纤中的要求,除了高光谱质量,还要求激光器具备窄线宽、高频带以及高功率的特点,以应对抗辐照、抗振动、低功耗以及小体积这几方面的挑战,而半导体器件就刚好具备抗辐照的特性。在空天地一体化网络中,对空间光通信激光光源技术的要求有很多,包括窄线宽(100 kHz)、高速率、耐辐照、高功率、小体积、低功耗、高稳定性、长寿命、高消光比、大动态范围、高斜率效率、低相位噪声、高边模抑制比(30 dB以上)等。像美国开展的深空光通信项目(LLCD)用到的DFB激光器就是窄线宽的半导体激光器。窄线宽激光器在宽带光网络(窄线宽、高速、高稳频)和光传感技术中的应用(窄线宽、小型化、高稳频)也很多。

总之,从激光发射的基本概念出发,第一类高速激光器的功能是调制,典型器件如直接调制激光器,应用于模拟和数字光通信;第二类高速激光器要求的是调制和光谱,

典型器件如可调谐激光器和多波长激光器阵列，应用于波分复用技术；第三类高速激光器要求的是调制、光谱以及高功率，典型器件如窄线宽高速激光器，应用于自由空间相干光通信。

3. 发展历程与展望

最后是激光器的发展历程与展望，那么就要提出第三个问题：要发展的高速激光器有哪些关键技术？突破高速激光器需要解决除了电注入发光以及高频信号幅度调制的问题之外，还有什么要求呢？

第一点要求是提高光电转换效率，但是这时候有两个问题要考虑。第一个问题是激光器结构尺度与寄生参数的突出矛盾，激光器越大发光功率越高，但是寄生电容也会越大，导致响应速度不够；第二个问题要考虑到不同材料功能微结构及制备工艺的兼容性。

第二点要求是保障高频信号注入效率(调制带宽)，由于激光器芯片尺寸(～3 μm)与电路尺寸差3个量级，并且激光器芯片阻抗(～5 Ω)与电路阻抗差1个量级，使得电流信号的注入比较困难。因此面临着同时实现宽频带和高功率的难题，包括耦合封装、测试分析和芯片制备等关键技术。下面是我们在激光器制作方面的一些技术创新。

1)综合性能优化

为实现激光器高效的电注入，我们提出用硅作为载体的高速激光器一体化封装电路设计方案，实现低损耗电连接和高效散热双重功能，提高了激光器调制速率，同时也降低了器件成本。为达到激光器高效电光转换的目的，我们首次获得了光波导模场分布的解析解，国外同行认为该方法比有限元法更精确；由此我们提出了模场匹配的器件结构设计方案，以提高电光转换效率。至于激光器的动态特性优化，我们提出利用封装寄生参数补偿芯片寄生参数的设计方法，在保证发光效率的条件下，改善高频调制特性(美国MAXIM公司后来也采用了类似技术)。

2)本征动态特性优化

激光器本征动态特性优化解决了激光器芯片本征特性参数精确提取的难题，提出激光器动态 P-I 特性的概念，并给出了相应测试方法，建立了激光器综合性能优化设计方法。IEEE会士Cartledge在文章中指出，动态特性曲线从理论上解决了工作参数优选的问题，有利于改善高频响应特性。我们这一方案也获得了发明专利：通过功率-电流曲面获得激光器动态特性的方法(ZL 200910084037.6)。

3)三维封装技术

由于光子集成器件存在内部尺度狭小、微波匹配电路(电容、电感、电阻)无法排布、金丝跳线异常复杂、封装工艺难度大、成品率低等问题，我们提出光子集成芯片的三维封装技术，突破微波电路的二维设计局限，解决了光子集成芯片匹配电路尺寸受限的难题。基于此，我们申请了一项美国国家发明专利和两项中国国家发明专利。

4)耦合腔激光器

空天地一体化网络需要高速窄线宽激光器(耐辐照)，要求高效的电信号注入、高效

的电光转换，以及光谱的调控与稳定。由于传统激光器结构方案不能同时对载流子动态和稳态变化过程有效调控，难以解决这个问题。首先分布反馈激光器(集成谐振腔)具有可高速调制、结构稳定的优势，但线宽过宽(2 MHz)；而外腔激光器(复合谐振腔)结构不稳定，不能高速调制，但是具有窄线宽(100 kHz)的优点。结合两种方案，我们提出弱反馈复合谐振腔激光器的结构方案，将分布反馈激光器和外腔激光器的优势融合，通过功能集成，可同时实现窄线宽和高速调制功能。我们自己制作的高速窄线宽激光器线宽约为 35 kHz，稳定性($<10^{-9}$)以及带宽(2～30 GHz)都有很大的提高，调谐范围/精度是 3.0 nm/0.001 nm。与国外产品对比，我们的调制带宽、线宽、稳定性等综合性能指标都更优。

2016 年 9 月，中国通信学会对我们的高速激光器及模块组织了成果鉴定，鉴定专家包括王立军和周寿桓等四位院士。鉴定会的结论如下。

(1)研制出窄线宽高速半导体激光器模块，调制带宽达到 28 GHz，线宽小于 180 kHz，该项目主要指标均优于国内外同类研究报道的结果。

(2)研制出波长间隔稳定的 60 信道单片集成激光器芯片，突破了高速低损耗光束合成和三维封装关键技术，开发出 4×25G、10×10G、16×25G、4×10G 系列高速率、低成本、小型化光模块，在宽带光通信领域获得广泛应用。

鉴定专家组认为该项目创新性强、技术难度大，该项目的主要技术指标达到国际领先水平。查新结论：带宽为 30 GHz，线宽为 130 kHz 的直调半导体激光器的研究，在国内外公开文献中未见两项指标均高于该项目的报道。

4. 总结

1)发展高速光电子器件的原因和意义

光电子器件有巨大的市场需求。华为、中兴和烽火对核心光电子器件需求巨大，超 100 G 传输和交换设备中光器件成本占比 70%和 60%。但是我国在产业战略安全中存在严重威胁：一方面高端器件 100%进口，存在严重的安全隐患；另一方面采购渠道被日美控制，存在巨大的战略威胁。我国缺乏核心技术，高端器件 100%依赖进口(65%来源于日本三菱、住友、NEL、富士通等公司，30%来源于美国 Finisar、Avago 等公司)。独立器件供应商逐渐被日美器件大公司和系统集成商收购，我国光电子器件供应链急剧恶化(德国 U2T 被美国 Finisar 收购，CyOptics 被美国 Avago 收购)。另外，由于国防领域(雷达、侦测)急需高速激光器，美国对带宽超过 2.5 GHz 的模拟通信激光器实施限运。高速激光器更是属于禁运限制的核心器件。高速光电子器件是光通信网络和国防信息系统中的必备部件，具有不可替代的作用。互联网及相关技术的迅速发展对高速光电子器件的需求巨大，其所占成本比重高。核心光电子器件制造能力不足，高端光电子器件主要依赖进口，且受到国外禁运限制，这就是发展高速光电子器件的原因。

2)高速激光器技术的突破历程

我国的高速激光器技术发展从“九五”到“十三五”一步一个脚印，攻坚克难。从 2.5 G技术起步、10 G 跟踪发展、18 G 国际先进、24 G 与 28 G 国际领先，到目前 32 G 的

领先水准，成功突破了国外技术封锁，为国防科技和光通信产业奠定了坚实的基础。

3)高速激光器代表性应用

高速激光器应用在空间站电子侦察系统中替代美国 EMCORE 公司的产品，可将链路噪声降低 7 dB；应用在卫星激光通信型号任务中替代 AOI 公司的产品，可将链路接收灵敏度提高 3 dB；还应用在高分专项航天载荷、空间站数据传输以及激光测距等方面。

4)合作研究及应用推广

我们与华为合作开发了我国首款实用化的 4×25 Gb/s 多波长激光器模块产品，并共同申报了发明专利；与中兴建立联合创新中心，同时加入中兴通讯产学研合作论坛；与武汉光迅科技股份有限公司(全球第五的光器件供应商)进行产业化合作，突破了高速激光器模块核心技术，产量达到 3 万只/天，近五年新增销售额达 24.58 亿元。

5)代表性成果及获奖情况

24 GHz 高速激光器达到国际先进水平，获 2013 年度国家技术发明二等奖；40 GHz 扫频微波源，获 2016 年中国光学工程学会科技创新技术一等奖；28 GHz 高速窄线宽激光器达到国际领先水平，获 2016 年中国通信学会科学技术一等奖。这些工作使得日本和美国都高度关注我国的多波长激光器研究。

(记录人：郑爽　审核：王健)

李振声　香港城市大学教师。1987年和1991年从香港大学获得硕士学位及博士学位，1991年获得香港裘槎基金会博士后研究奖学金（Croucher Foundation Fellowship）的支持到英国伯明翰大学进一步进行学术研究，1993年在香港科技学院应用科学系任职，1994年加入香港城市大学物理及材料科学系，现任材料科学专业的讲座教授。1998年，发起建立超级金刚石和先进薄膜（COSDAF）研究中心，任中心主任。目前的研究重点：有机电子器件、纳米材料在能源、生物和环境中的应用。在 *Science*（2篇）、*Adv. Mater.*（26篇）、*Adv. Funct. Mater.*（7篇）、*Angew. Chem. Int. Ed.*（4篇）、*J. Am. Chem. Soc.*（5篇）、*Nano Lett.*（5篇）、*ACS Nano*（6篇）、*Chem. Commun.*（5篇）、*Appl. Phys. Lett.*（103篇）等国际著名期刊上发表SCI学术论文500余篇，并有多篇论文以封面论文形式报道，影响因子大于10的论文50余篇，论文被引用超过16000次。撰写专著4部。获授权美国专利16项。在美国等国家地区先后主持过国际会议10多次，国际学术会议特邀报告30余次。担任国际期刊 *Physica Status Solidi* 编委，Nature Publication Group 的 *Asia Materials* 期刊的委员和中国真空学会理事。迄今为止，已主持香港研资局优配研究基金、科技创新署与香港城市大学资助的科研项目60余项。

第122期

Similarities Between Organometallic Halide Perovskite & Conventional Organic Semiconductors

Keywords: perovskite, free carrier, electron hole pair, charge transfer, donor-acceptor molecules

第122期

有机金属卤化物钙钛矿与传统有机半导体材料之间的相似点

李振声

1. 有机-金属卤化物钙钛矿太阳能电池

近年来,太阳能在光伏应用方面发展最快且非常具有发展潜力。起步较早的晶体硅太阳能电池发展较为缓慢,特别是有机-金属卤化物钙钛矿太阳能电池(以下简称钙钛矿太阳能电池)的光电转换效率从最初3.8%迅速提升到现在的22.1%,其效率的快速提升主要得益于钙钛矿材料本身优异的光电特性。钙钛矿材料拥有适宜的禁带宽度、较低的激子束缚能、较高的摩尔消光系数、优良的载流子双极性扩散特性,这些良好的光学和电学性能使得有机-金属卤化物钙钛矿太阳能电池得到迅猛发展。但是钙钛矿材料有一个比较重要且易忽略的特性就是拥有较高的开路电压,其带隙约为1.6 eV,但开路电压可达1.1 V,而最优的聚合物太阳能电池,田禾院士团队(华东理工大学)的光电转换效率达11.7%,电池的带隙1.5~1.6 eV,其开路电压只有0.78 V。高开路电压是钙钛矿太阳能电池发展迅速的极为重要的原因之一。具有高开路电压,是因为钙钛矿材料可以产生自由载流子,而一般的有机或者小分子材料是没有自由载流子的。用光激发有机或者小分子材料时会产生电子-空穴对,电子-空穴对以激子的形式存在。电子-空穴对因有比较大的束缚能(0.3~0.7 eV)而无法分离,必须存在内建电场(或PN结),才能驱动其分离而产生自由载流子,从而表现出光电特性。内建电场的存在使得电子-空穴对分离,但却牺牲了器件的开路电压(开路电压 $Voc_{max}=LUMO_{acceptor}-HOMO_{donor}$),从而导致一般的有机或者小分子材料不具有较高的开路电压。而钙钛矿材料不需要PN结就可以使得电子-空穴对分离产生自由载流子。因钙钛矿材料的束缚能较小(小于100 meV),且束缚能小于室温热能,当光入射到钙钛矿材料上时产生电子-空穴对,因此钙钛矿材料不需要内建电场就能产生驱动力分离电子-空穴对,又因其电子-空穴对很容易分离,使得器件能够充分利用开路电压 Voc,进而更加接近材料的带隙。

实验中,采用相同的受体材料PCBM和不同的给体材料组合后进行测试,在Polymers:PCBM体系中观察到不同给体和开路电压之间有较好的线性关系,即开路电压 $Voc=HOMO_{polymer}-LUMO_{PCBM}-0.4\ V$。黄劲松课题组也做了相关研究工作,该组使用

不同的钙钛矿和 PCBM 组合做成不同的太阳能电池，测试其中的开路电压，结果显示开路电压为恒定值，与 $LUMO_{perovskite}-HOMO_{PCBM}$ 值无关，说明开路电压 Voc 和 PN 结没有关系。另外日本 Yamada 小组的实验也可以说明钙钛矿材料没有 PN 结，采用光激发钙钛矿材料测试 PL 光谱，如果钙钛矿材料中存在自由载流子，PL 光谱在激发很小的时候呈线性关系，激发增长的时候呈二次方关系，即 $I_{PL}\propto Nn+n^2$，N 为激发前的载流子强度，n 为光激发电子强度。该实验结果也证明了钙钛矿材料可以产生自由载流子。李振声课题组通过设计实验说明钙钛矿材料确实无 PN 结，该实验通过真空蒸发 $CH_3NH_3PbI_3/C_{60}$，用 UPS 观察材料的光电子能谱，测量得出的钙钛矿材料带隙显示不存在 PN 结，而是 NN 结，且两种材料都是 N 型半导体材料。因为要产生 Type-Ⅱ 的 PN 结需要其 HOMO和 LUMO 错开，才能使得电子-空穴对分离，而在钙钛矿材料中的 HOMO 和 LUMO 并没有错开，包含在 C_{60}的 HOMO 和 LUMO 中，属于 Type-Ⅰ 的 NN 结。但实际的实验钙钛矿材料采用溶液过程制备非真空蒸发，因此为了进一步验证实验结果的正确性，通过溶液过程测试了钙钛矿的带隙，测试得出的结果也是一样，即钙钛矿材料不存在 PN 结，且没有帮助激子分离 PN 结就能够产生自由载流子。

2. 钙钛矿和有机小分子材料中的自由载流子

早期有机小分子太阳能电池的发展，只有一层有机层夹在两个电极之间，其光电转换效率非常低。邓青云博士在美国柯达公司的工作不仅在有机发光方面有重大突破，在有机太阳能方面也有重大的突破，他第一个提出用 PN 结提高太阳能电池的性能。前文中解释了 PN 结的重要性，即材料中电子-空穴对的束缚能太大，电子-空穴对很难分离，因此需要 PN 结提供驱动力将电子-空穴对分离。PN 结的构成，将光电转换效率(PCE)提高了上十倍，从 10^{-4} 提高到 10^{-3}。后续发展更进一步，P 型材料和 N 型材料组合，将 PCE 提高到了 6%左右。钙钛矿太阳能电池的 PCE 目前达到了 22.1%，虽然在钙钛矿的发展过程中异质结有很重要的作用，但是钙钛矿没有 PN 结，同时也不需要异质结。因此设想通过改变异质结提高小分子材料的性能，Kjell Cnops 基于这种构思打破了小分子太阳能电池的世界纪录，将其 PCE 提高到了 8.4%。他采用三种光谱响应范围可以涵盖整个可见光波段的材料：α-6T、SubNc、SubPc。根据这三种材料光电子能谱得出相应的带隙结构，从带隙中可以看出 α-6T 层和 SubNc 层之间是正常的电子-空穴对传输过程。但是，SubNc 层和 SubPc 层之间传输对整个器件没有帮助作用，却使得整个器件性能较好，原因是光照射 SubPc 层时，通过 Forster 共振能量转移给 SubNc 层，然后在 SubNc 层产生分离的电子-空穴对，从而更加有利于电荷的传输。

基于该器件的设计思想，李振声实验室做了两种单层器件，一种是 ITO/SubNc/Al，另一种是 ITO/SubPc/Al，其 PCE 约为 0.3%，将单层器件太阳能电池的 PCE 提高了 30 倍。考虑到金属 Al 电极对有机分子有所破坏，在中间加了一层 BPhen，改善了器件的性能。BPhen 在可见光谱的吸收较低，具有低 LUMO，约 6.4 eV，因此 BPhen 不可能参与在太阳能电池中产生电子-空穴对。整个器件虽然增加了一层 BPhen,但是电子-空穴对的产生主要来源于 SubNc 或 SubPc 这一层。为何单层的 SubNc 和 SubPc 就能够产生这么多电子-空穴对且不需要 PN 结?是否也会产生自由载流子?有些有机分子材料是否可以直接产生自由载流子?这些问题引领我们继续探索。

经过调研发现,很多富勒烯材料都可以产生自由载流子。George F. Burkhard 在 2012 年的文章中做了相关工作,其制作的器件结构 ITO/PEDOT:PSS/fullerene/Ca/Al,将不同的富勒烯材料夹在两个电极中间,测试器件的外量子效率(EQE)。不同的富勒烯材料都有一定的 EQE,但是整体的 EQE 较低,用紫外激发的 EQE 只有 1%,说明不仅是 SubNc、SubPc 有可能产生自由载流子,很多富勒烯材料也都能够产生自由载流子。根据文献数据显示,很多材料能够产生自由载流子,C_{60}的 EQE 相对较好,但 SubNc 和 SubPc 性能更高,EQE 可达 15%。这也说明了 SubNc 和 SubPc 这两种材料的特殊性,即可以产生自由载流子。在此基础上,李振声实验室做了两个双层结构的器件,分别是 ITO/SubPc/SubNc/Al 和 ITO/SubNc/SubPc/Al,发现两种材料倒置后器件的 *I-V* 曲线和 EQE 基本没有变化,进一步说明异质结在整个器件中作用很小。辅助测试了单层和双层器件的内量子效率(IQE),发现双层器件 SubPc/SubNc 和 SubNc/SubPc 的 IQE 等于 SubPc 与 SubNc 这两个单层器件的 IQE 之和。SubPc 和 SubNc 这两种材料有如此特殊的特性,而别的有机材料不能产生自由载流子的原因,目前不能从理论上完全解释清楚。从介电常数方面可以对材料性能进行初步分析,一般有机小分子的介电常数 $\varepsilon_r<2$,C_{60}的介电常数 $\varepsilon_r>2$。而 SubPc、SubNc 的介电常数较高,接近 6,电子-空穴对的束缚能反比于介电常数 ε_r,其束缚能小很多倍,所以才有机会产生自由载流子。当然目前还有很多问题有待进一步思考。

3. 电荷传输复合(CTC)

对于 CTC 的概念有很多不同的说法,但区别不大。在这里将 CTC 定义为:在给体和受体之间存在电荷转移(charge transfer between donor & acceptor)。CTC 的概念在实验中非常重要,只有存在内部电荷分离才能发展为太阳能电池;反之如果电荷复合有机会发光,将发展为 LED。无论是发光还是转化为电能,都与 CTC 有联系。确定 CTC 的产生,可以从以下几个方面进行观察。

(1)CTC 比较明显的特征就是异常高的电导率。实验上分别测试了两个电导率很差的单晶,电阻值均大于 1 GΩ;但是若将两个材料组合在一起沿着界面测试,其电阻小于 100 kΩ。因此很多情况下 CTC 是两个绝缘体放在一起,电导率突然增加了很多。

(2)可以从吸收谱观察是否存在 CTC。2009 年,Adachi 测试受体材料 $F_{16}CuPc$ 和给体材料 m-MTDATA 在红外区域没有吸收谱;当将两种材料同时在真空中蒸镀,得到的 $F_{16}CuPc$:m-MTDATA 在 1000～1600 nm 之间出现峰值,即产生新的长波吸收带,说明存在 CTC。日本 H. Murata 组做了一个实验,将 TPD、Rubrene、α-NPD 等材料分别

与 MoO_3 结合在一起后的吸收谱在红外区域多了一个吸收峰，这种现象不仅在有机材料中存在，在有机-无机材料中也存在。

(3)通过 PL 猝灭确定 CTC 的存在。实验上分别测试了 P 型受体材料 BCP 和 P 型给体材料 m-MTDATA 的 PL 光谱，当把两种材料组合在一起后，原来的 PL 光谱完全猝灭，猝灭后出现红移的光谱。

(4)若 CTC 存在铁电特性。2012 年日本 Tayi 小组在 *Nature* 上发表的工作将其中一种材料分别与另外三种材料组合，CTC 的两种分子结合在一起长出三种单晶，可以观察到晶体 CTC 的铁电特性。

关于 CTC 在双极化 TFT 的应用，国内闫东航教授在 2005 年设计实验将 F_{16}CuPc/CuPc 两层之间增加了两个金电极，发现双极化 TFT 产生很多电子-空穴对，且在界面处存在电荷转移。为了研究其中存在的现象，李振声小组将这两种材料的带隙通过 UPS 测试出来，发现确实存在大量的电荷转移。CTC 会把大量的电子给 F_{16}CuPc，把大量的空穴给 CuPc，当外部施加电压时，界面处的电子-空穴对较快传输，才导致异常的高电导率，这是 CTC 产生的原因。该实验表明沿着界面处的电导率很高，为了研究垂直方向界面处的电导率的情况，设计器件结构：ITO/m-MTDATA/F_{16}CuPc/BPhen/Al。第一种是单层 m-MTDATA/F_{16}CuPc；第二种是 30 层 m-MTDATA/F_{16}CuPc；第三种是 30 层 m-MTDATA/SubPc-1nm/F_{16}CuPc，每层插入 1 nm 的 SubPc 特意破坏界面。我们测试了三种器件的 *I-V* 曲线，发现 30 层器件的电导率是单层器件的 3 倍，而有 1 nm 的 SubPc 界面电阻增加了 10000 倍，说明界面很重要。在这个过程中，电子沿着 F_{16}CuPc 的 LUMO 传输，空穴沿着 m-MTDATA 的 HOMO 传输，电导率和界面关系紧密，多层器件中跃迁能小很多，导致电导率增加。反之，通过 CTC 应用高电导率和红外吸收的特性，采用能级比较低的 MoO_3 和能级比较高的 Rubrene 这两种材料，将这两种材料混合在一起后，在红外区域出现明显的吸收峰，测试能级发现 MoO_3 的 LUMO 与 Rubrene 的 HOMO 刚好为 1.3 eV。另一方面从器件性能观察 CTC，基于这两种材料制作出三种器件：ITO/Rubrene/C_{60}/BCP/Al，ITO/MoO_3/C_{60}/BCP/Al，ITO/MoO_3：Rubrene/C_{60}/BCP/Al。单独的 MoO_3 和 Rubrene 的器件没有光电效应，当两种材料混合在一起首次使用红外光源($\lambda > 850$ nm)激发，发现存在光电效应。随后测试了 F_{16}CuPc：m-MTDATA的吸收峰，两种材料混合一起后在 1200 nm 处多了一个吸收峰即为 CTC；同时测试材料的 PL 光谱，混合后 PL 光谱完全猝灭了，这些都显示了 CTC 的特性。同时制作了器件 ITO/m-MTDATA：F_{16}CuPc/ F_{16}CuPc/BPhen/Al，当波长 $\lambda > 1300$ nm，光激发可以产生光电效应。

总之，CTC 有如下几种特征：①铁电特性；②两种电导率很差的材料甚至绝缘材料结合一起后，电导率增加很多；③PL 光谱猝灭现象，无论是吸收还是发光都有明显的红移现象，红移刚好对应于给体和受体的 *HOMO*－*LUMO*。在钙钛矿材料中确实存在光电效应，Gratzel 和 Seok 在 2013 年的文献中证明了钙钛矿存在双极性特性。钙钛矿由两种电导率很差的 MAI 和 $PbCl_2$组成,两种材料混合后电导率较好,也存在铁电特性。所以钙钛矿和 CTC 特性相同,但其是否存在 PL 光谱猝灭现象呢?实验上测试了 MAI 的 PL 峰,然后在 MAI 上面蒸镀一层很薄的 $PbCl_2$后 PL 峰被淬灭了;同时测试发现,MAI 和 $PbCl_2$在长波段没有吸收峰,当两个混合在一起,在长波段有吸收峰,即出现吸收红移现象。另一方面用 UPS 测出材料的带隙得出 $LUMO_{MAX}-VB_{Pbx_2}$(X=卤素元素)值,MAI 和 $PbCl_2$差值为 1.6 eV,MABr 和 PbI_2差值为 2.0 eV,MABr 和 $PbBr_2$差值为 2.3 eV。若将该材料做成钙钛矿,其带隙刚好与差值相对应,钙钛矿的带隙是两个材料产生异质结时候的差值。钙钛矿材料的很多特性与 CTC 相似,可以将 CTC 的很多结果应用到钙钛矿上面,同时也可以将钙钛矿的特性应用到 CTC 上面。

4. 总结

本文首先基于热门研究的钙钛矿太阳能电池给出了钙钛矿的异质结,证明了钙钛矿可以产生自由载流子,也就是说在钙钛矿中 Type-Ⅱ的 PN 结是不必要的,钙钛矿中没有 Type-Ⅱ的 PN 结而有 Type-Ⅰ的 NN 结。同时也证明了有机小分子材料中存在自由载流子的可能性。其次阐明了 CTC 具有的基本特征及 CTC 在 OTFT、OLED、OPV 中的应用,证明了 CTC 不仅在小分子材料中有很好的双极性特性,在太阳能电池中也是存在的。通过观察钙钛矿中的带隙结构,发现钙钛矿的吸收谱由给体和受体的 *HOMO*−*LUMO* 决定的。实验上观察的现象说明了钙钛矿与 CTC 有相同的特性。

(记录人:谢玉林　审核:徐凌)

余思远 教授，中山大学电子与信息工程学院副院长、光电材料与技术国家重点实验室主任，国家重点基础研究发展计划(973计划)项目"基于光子轨道角动量的新型通信系统基础研究"首席科学家。先后毕业于清华大学(学士，1984年)、武汉邮电科学研究院(硕士，1987年)、英国格拉斯哥大学电子学与电气工程系(博士，1997年)，1996年加入英国布里斯托尔大学电子与电气工程系，2011年加入中山大学电子与信息工程学院。主要专长为集成光电子器件工程技术及其在光信息系统中的应用。迄今发表*Science*封面论文两篇，发表其他国际期刊论文超过120篇，拥有多项国际发明专利。

第123期

Main Technologies and Challenges in Photonic Integration

Keywords: photonic integration, indium phosphide photonic devices, silicon photonics, hybrid integration, Ⅲ-Ⅴ semiconductors

第123期

光子集成主要技术及主要挑战

余思远

1. 光子集成的思路

光子集成的灵感来自电子集成。电子集成从单个的晶体管到集成电路的发展历程无疑给了我们很多启发。将原本很多分立的器件尽量做小并集成到一起,可以获得更强大的功能、更好的性能等。集成电路的发展存在摩尔定律:芯片上集成的晶体管数量,大约以每年百分之三十的速率,呈指数关系上涨。单片晶体管的数量已经达到 10^9 数量级。这样,同样大小的硅片,功能变得越来越强大,性能越来越好,而成本大体上没有变化。不过关于摩尔定律最近有很多辩论,即这种增长能否持续?目前量产的工艺是 14 nm,可能马上有 10 nm 的工艺量产。2018 年,在比利时 IMEC 论坛上,谈到了 3 nm甚至 1 nm 的工艺,由此看来摩尔定律还是有一定的增长空间的。不过仍有一个最大的问题,即功率密度上升太快,这可能是一个主要瓶颈。

集成电路事实上只有三样东西,最下面一层是硅,晶体管、二极管在这一层,除此以外,还有导线,一般是用铜。最后的就是绝缘介质层。集成电路实际上就是将一堆晶体管用导线连接,保证导线之间互相不短路。晶体管太多了之后,需要多层导线来连接,因此最多的层就是导线层。

光子线路里,能否用同样方式把很多光子器件做到一个芯片上?这样可以在一个片子上做出一个集成光路(PIC),是否也能得到增强功能、提高性能、降低成本等好处?一个典型的集成光路中,有可调谐激光器、调制器、放大器,这些器件由波导连在一起。这个芯片是在 InP(磷化铟)衬底上面做的。我们可以看到,无论电的 IC 还是光的 IC,都是把有源的功能器件用无源的导线或者波导连接起来。在抽象的层面上,光集成(PIC)和电集成(EIC)是一样的。

但是,在细节方面,光集成和电集成是非常不一样的。首先信号不同,电信号如基带信号、射频信号,能量由电子或电流传递;光信号是光波的包络,是对相位、振幅、偏振的调制。我们处理的不是光波本身，而是光波承载的调制。光子和电子非常不同，从量子力学层面来说，光子是所谓的玻色子，电子是费米子。费米子相互作用很强，玻色子相互作用非常弱。比较强的相互作用要通过光子和电子之间的相互作用，再来发生光子和光子相互作用。这可能是导致EIC和PIC不同的根本原因。

光波是载波，信号调制在其各个参数上，有数字光信号，也有模拟光信号。在这个角度上来说，光信号和射频信号很像，因为射频信号往往也是需要处理承载的信息。当然也需要射频载波源，在PIC里面则需要光载波源。EIC是由晶体管组成，晶体管有输入阻抗和输出阻抗，输入阻抗很高，输出阻抗很低。晶体管输入端能量可以很小，而输出端能量很大，能量流基本上单向的，背向能量很小，非常容易级联，组成复杂链路。这点上PIC很不同。光子器件比如光波导，输入端和输出端没什么区别，能量流能从左往右，就能从右往左，即所谓的光路互易原理。这样组成复杂的回路时，会产生比较多的问题，在可拓展性方面受到限制。因此光路里面需要光隔离器，限制光的能流方向，但是目前在PIC芯片上，还没有实现真正意义上的隔离器。

对于光子集成技术，一方面我们可以做一些不那么具体的讨论。我们如果首先实现一些单个器件实现不了、但是用集成方法可以实现的功能，那么就非常有意义；又或者通过集成方法使性能更好，包括信息传输处理性能更好、体积更小、能耗更低、寿命更长或成本更低，也非常有意义。正是这样的愿景，促使我们去做光子集成。另外一方面，从功能角度，我们需要考虑用光做什么最好。光子是一种玻色子，没有静止质量，需要一直传播，它非常适合用来做信息传输，这是它非常独特的性质。在某些特定的信息处理上，它也可能有独到的好处，但是总体来说信息处理不见得是光的强项。因此，做光子集成技术时，我们需要思考它做哪些方向可以取得更有意义的成果。

根据这些思考，我们想利用光子集成增加信息传输的容量，或者提升信息网络的灵活性及效率，或者实现在电上非常困难而在光上有独到的优势的信号产生及信号处理的功能，或者在量子领域实现量子光子线路，或者用光子集成来推进光子传感器技术。除了数字光通信，模拟光传输和模拟信号处理最近几年也得到了很多关注。随着移动通信的发展，将来模拟光子集成可能会发展成很大的市场。

光互联和光网络，无论是短距还是长距，都需要越来越复杂的片上网络。最近数据中心和超级计算机领域对光子集成网络需求增大了。数据中心网络容量已经达到Pb/s量级，正在向Eb/s发展。信息的传输需要采用复用传输技术，光子集成的优势开始体现出来。

我们现在来讨论用于数字通信链路的PIC。一种结构是发射和接收端由很多信道组成的并行结构，信道在某些地方（比如复用时）会发生关系。另一种结构是网格结构，存在网络节点，有不同方向的信号输入，要找到信号各自应该输出的方向，需要路由切换的功能，这是一种交叉的关系。总的复杂程度，是以信道数（N）来衡量的。前者（并行架构)复杂度与 N 成正比;而对于网格架构,我们能证明使任何输入切换到任何输出,需要的复杂度是 $N\times\log(N)$ 到 N^2 量级,比发射和接收端高一个维度。不同功能对光子集成的要求是非常不一样的,随着信道数量越来越多,复杂度增加太快将是很大的问题。

模拟传输的要求与数字传输不同。比如一个典型的微波光子链路,有微波光子信号产生、调制、传输和信号处理、滤波、探测等环节。这种链路比较强调链路增益、线性度、信号处理精细度及可重组性。因此,不同的应用会对光子集成提出不同的要求,不存在满足所有需求的万能的光子集成链路。

一个比较典型的光子集成例子是光调制器。比较简单的 MZI 调制器,可以用来做二进制强度调制和相位调制。假如要做更高维度调制格式振幅相位的相干调制,调制器的结构将会越来越复杂。我们可以看到随着调制技术发展,调制器越来越复杂,假如不用光子集成技术,会非常麻烦,做出来的设备体积很大,插损也很高。而如果我们用硅基集成,就可以做得很小。模拟光子功能方面目前也已经有一些微波光子的信号处理芯片,但大体上还是比较简单的演示,有待进一步发展。

用 PIC 可以实现更高带宽、更好信号质量、更精确地控制信号的参数、更低能耗、更小体积、更轻质量,这些都是工业应用非常需要的。因此,光子集成比分离器件有更多好处,我们有非常强的动力去做。但是,光子集成与电子集成有很多不同,实现功能需要的材料器件都不一样,采取的技术也不一样。那么光子集成到底面临哪些挑战呢?

2. 光子集成技术与挑战

光子集成和电子集成技术有一个非常大的不同,即电子集成有源单元器件只有一类(即晶体管),而光子集成所需各种功能单元器件都不一样,这构成非常大的挑战。

光子集成最基本的元件是光波导。光波导首先需要有高折射率材料被夹在两个低折射的材料里面,形成平面波导,这样光在垂直方向有所约束,被限制于平面内。然后在水平方向,也需要这样的限制。有了这样的限制之后,光可以沿着我们需要的路径传播。以此为基础,形成了各种各样的光波导,如掩埋的条形波导,脊波导。广义地,只要波导的等效折射率比周围大,就能限制光,由此还产生了诸如狭缝波导、光栅光波导等结构。另外,传播不能只走直线,还需要拐弯。光拐弯就需要全反射,这样,就需要满足全反射条件,两种材料临界面上的折射率差值越大越好。因为越大的话,临界角越大,拐弯可以越急。另外我们还需要不止一束光,还需要将光束分叉,一分二、一分三,甚至更多;反之也需要把两束信号耦合到一起,这些可以通过耦合器结构实现。波导在平面内布线,无法保持不交叉,如大规模光开关。光在这方面有优势,可以交叉,电线是没法交叉的,会短路。但是光波导交叉处会有串扰,当然可以通过一些低串扰的设计来抑制。后面我们会讲到,串扰在光子集成中是非常难解决的问题。

还有一些无源器件,如微环谐振腔,光从一端口入,从直通和下载端口观察时会看到不同的响应，在某些波长上会产生谐振。利用谐振效应可以形成一些滤波功能，另一方面，如果输入光波长固定，而谐振特性曲线能移动的话，可以做成调制器，这些都有比较成熟的例子。

从集成光子的功能单元来看，传导、分路、合路、滤波都是比较成熟的无源功能。一些功能比如路由切换、高分辨率滤波、模式转换、光信号延迟缓存等，都有很多演示，但不是很成熟。还有些比如集成光隔离器，目前还没有真正实现。

从有源的功能来说，首先要有增益光放大，才能产生振荡激光，还要有调制、解调、探测等功能，这些功能每一个都非常成熟了。有些有源功能，特别是光与光之间的非线性相互作用，包括混频、波长转换、全光开关等，有很多演示，但还不能说有成熟的技术，这主要是因为光与光之间的非线性相互作用很弱。这些工作看上去不错，但效率通常都比较低。还有全光运算，数字、模拟光运算等功能，有些演示，但是还是处于非常初级的阶段。

虽然有了这些单元功能，但是目前光子集成最大的挑战还是如何把这些东西做到一个片子上。最难的是把有源功能和无源功能做到一个片子上。因为无源功能要求光不要与物质相互作用，能量不损失，而有源功能就是需要很强的光与物质相互作用，这两者之间是矛盾的，这是光子集成最根本的挑战。因为这两类功能需要不同的材料和结构来实现。有源的一般用三五族化合物半导体、某些晶体等材料；无源的一般用硅、二氧化硅、氮化硅等高度透明的材料。无源、有源功能集成一直以来都是光子集成需要克服的关键问题。

目前光子集成比较大的体系有如下三个。第一个是三五族化合物半导体材料衬底上的单片集成。第二个是以硅酸盐或者玻璃材料为基础做无源的光子集成，亦称平面光子线路。最后一个是最近比较火的硅基光子学。前两个在市场上取得了一些成功，第三个目前看来在市场上也会取得成功。

在 InP 上做光子集成，从商业化角度来看比较成功。因为 InP，或者其他三五族化合物半导体，是直接带隙半导体，它在电子跃迁时不产生动量变化，因此能量会以光子形式释放出来，能提供光的增益，产生光放大，再加上反馈谐振腔就可以构成激光器；还可以产生某些电光效应，或者有很强的可电控的吸收，构成调制器。

在 InP 上生长不同的半导体，通过改变材料组分，改变能带间隙，可以在某些波长形成无源和有源的混合集成。例如，在 InP 上生长一层有源的化合物半导体材料，再把某些地方去掉，再重新生长不同组分的无源材料，希望两者是无缝拼接的，这个在技术上比较难以实现，晶体生长在拼接的地方会有缺陷，会产生反射、损耗等问题。这样的拼接在有些晶体方向上可以做得很好，但在另外的某些方向上做不好，对集成的布线有很大限制。但也实现了一些很复杂的集成光路，包括 AWG(无源的)、可调谐激光器(有源的)，都可以拼接到一起，这样的技术已经商业化了，但是工艺复杂，成品率低，导致成本很高。

也可以采用选区外延技术实现有源、无源集成。但有个问题,即两个区域之间的差别不能做得很大,且做出来的无源波导,其插入损耗不会太低。还可以在外延生长完之后再去改变能带结构,比如将有源区的一些区域用掩模盖起来,通过退火或其他一些办法,使得没有掩盖的区域性质产生变化,这样也能制造有源区和无源区。这样做的可重复性不是很好,因为退火温度比较高,材料质量也受到些影响,并且区域间的差别也不会很大。还可以直接把无源、有源垂直分层,这样在工艺上比较容易实现。光需要在无源层传播时就在下面的无源层传播;要到有源层时,就想办法耦合到上面的有源层进行放大,放大后再耦合下来。这个办法我的研究组在英国用得比较多,做过 InP 的 4×4 光开关;还做了有源、无源集成的马赫-曾德尔干涉仪,通过 Taper 光纤耦合器来上下耦合;也做了全光的光开关;还做了微环激光器等。最近几年也做了一些更复杂的 PIC,包括微环激光器和 DFB 激光器的集成,通过四波混频产生光频梳。InP 是比较好的材料,但也存在缺陷,比如做无源波导时损耗很难降低,因为能带间隙差别不大,存在带尾吸收和自由载流子吸收。InP 芯片尺寸一般都没有特别大的,集成器件数量有限,并且非常脆,加工困难,加工步骤很多,对工艺要求很高。InP 芯片的集成度不是特别高,在商业化的发射接收芯片中的市场已经非常大了,但是接下来如何发展仍有比较大的挑战。

接下来讨论一下无源的硅酸盐材料。比如二氧化硅,折射率约为 1.5,这样的材料也早已经大规模商业化地用做无源器件了。如现在的分束器、耦合器只需几块钱一片。氮化硅(SiNx)的折射率约为 2.0,技术上仍有些问题待解决,比如 Si—H 键造成的损耗。这类技术最关键的是材料制备环境,用高温过程比如 LPCVD,温度到 800～1000 ℃,波导质量可以做得很好,损耗很低,但是有源材料不能兼容高温。低温工艺比如 PECVD,与 CMOS 及三五族半导体工艺更兼容,但是这样 Si—H 键会更多。高温工艺的确可以把损耗做得很低,而中低温工艺损耗都还在 1 dB/cm 或更低一点的量级,我们做的也是在这个量级。如何降低 H 的含量,如何控制材料里的应力,都是比较有挑战性的。我们做了一些 SiNx 阿基米德螺旋延迟线、单环和多环谐振腔、AWG WDM 滤波器,以及 SiNx 悬臂梁的结构。我们还做过一个量子集成光路,这是量子计算机中最基本的单元。基于 $SiNx/SiO_2$ 的设备已经有很多大规模商业产品了,但是这个材料最大的问题是它只能做无源的器件,难以把有源的功能放上去。

一个比较笨的方法,是把有源器件,比如激光器,直接贴装上去,这要求发光波导和无源波导对得足够准(误差少于 0.1 μm)。这是一个挑战,但是目前设备越来越强大,还是有可能做到的。但这不是大规模生产的好办法。其实半自动化的混合集成技术在 2000 年左右就有,英国 CIP Technologies(现已被华为收购),与海思打造了一个平台,把有源器件 SOA,装到硅基子板上,再将子板卡到硅基的母版上,他们声称可以半自动,实际上还是手工在做。这是混合集成最大的问题,很多工艺都是靠手工做,可扩展性成问

题。武汉和深圳有很多做封装的企业，几百上千个工人靠手工一个个去对，这个是产品成本下不来的主要原因，需要找些办法实现大规模生产。

目前也有些别的思路，比如在无源的波导上放一些有源的薄膜，包括最近比较热门的石墨烯。我们在氮化硅微环上做了一块石墨烯，两边做电极，希望制作调制器。也有团队用铌酸锂的薄膜放在上面，效果可能很好，但是刻蚀比较难，把薄膜做出来也很难。所以不要跟风，要有前瞻性。目标是实现什么功能，这个功能需要什么材料，哪些材料可能实现这个功能，哪些材料可能用来做集成，用什么样的方法做集成，要从这个层面来思考问题。不过无源、有源的集成仍是贯穿始终的问题。

硅基光子学也火了很久。硅是做波导的很好的材料。从根本层面上看，硅在 1.55 μm波长损耗很低，适合做波导。硅基无源器件已经有很多文章了。我们组花了两年时间，实现硅波导 2 dB/cm 量级的损耗。边耦合用八个光纤的光纤阵列对准片上 8 条波导，每个接口插损都在 1 dB 以下；面耦合也实现了 1 dB 插损，且有 30 nm 以上的带宽。我们还做了包括微环、谐振腔、马赫-曾德尔干涉仪器件，并实现了热调，载流子注入调制也可以做，只是这里已经没有太多研究空间了。不过，进一步搞清楚硅材料损耗降低的机理很有意义。

如何在硅基上加有源的器件的问题仍然存在。有人说可以贴装上去，在某些场合，比如不看重成本的国防项目，小批量生产没问题。但是，商业化希望大规模生产，就存在很多工程问题。

做外延是个好办法，但是Ⅲ-Ⅴ族化合物半导体和硅的晶格常数不一样，会产生游标卡尺效应，即每隔若干个晶格会错位，产生复合中心，汇聚电流，导致产热不发光。如何在硅上生长高质量的Ⅲ-Ⅴ族化合物半导体非常值得研究。有的组用量子阱结构实现了激光器的激射，但是寿命和效率不太好；量子点的方式比较成功，原因是，有成千上万个量子点，一两个被缺陷破坏了也没有关系。但是，即使硅基外延激光器工作了，还存在光如何从有源层跨过 4～5 μm 的缓冲层，耦合到硅基波导中的问题。

硅基光子学最大的动力之一是与 CMOS 兼容。硅基光子学可以用 CMOS 工艺做，但并不完全兼容。

比如需要一个 WDM 的光源阵列，用硅做光栅，要求不同激光器波长差 0.4 nm(标准要求的间隔)，这样要求我们做的相邻光栅周期差 0.1 nm。现在 CMOS 的工艺做的线宽只能到 10 nm，线宽控制不一定能到 0.1 nm。这样做出来的 DFB 激光器不一定能精确对准信道波长。

又比如目前硅波导损耗主要来自侧壁散射。散射损耗与波导和旁边介质折射率差的平方成正比，也和波导侧壁粗糙度成正比。这样要求侧壁粗糙度在纳米级以下。CMOS 工艺可能不在乎线条的光滑度，但是硅基光子学对此有很高要求。

对氮化硅的波导，光纤耦合也成了问题，氮化硅折射率低，要形成高效率面光栅比较困难,目前做得最好的也只有 1 dB,还使用了复杂结构。

光子集成存在很多的难点和问题,要抓住难点去做才能做出很好的工作,特别要注意瞄准前沿做有意义的工作。

3. 光子集成规模限制

最后是关于可扩展性的问题。PIC 的可扩展性到底如何?

电子集成的摩尔定律已经得到了证实。也有人提出光子集成的摩尔定律,单片集成的光子器件的数量现在只到了 10^4 水平,才相当于电子集成 20 世纪 70 年代的水平。硅基集成技术的发展速度比 InP 的快得多,但是硅基集成技术未来的发展方向仍然是一个值得探讨的问题。笔者个人认为光子集成的可扩展性,是受器件尺寸、插入损耗和光信噪比这三个因素限制的。

器件尺寸很好理解,最早的铌酸锂调制器,一个器件就有几厘米的尺寸,一个片子上只能做几个。改成用硅基做,一个调制器的尺寸可以降到 100 μm。这里我们可以想到,光子器件的尺寸很难降到 10 μm 以下,更别说如晶体管那样做到 1 μm 以下,甚至几十纳米,原因就是光与物质相互作用强度不够,这是一个根本限制。假设一个器件的面积为 10 μm^2,单位硅片尺寸内能放下的器件数量也有限,不可能超过 10^6个/cm^2。

插入损耗前面已经说过。在所有 PIC 中,光的传输中信噪比都会损失。损耗来自有源器件的自发辐射以及各种器件间的串扰。比如光开关,用 SOA 门的原理做的话,插入损耗较大,每分一路将引入 $10\log(N)$,合路又加上 $10\log(N)$,SOA 增益假设为 30 dB,此时要求输入到输出的插损为 0 dB,则最大的 N 是 32。

最后是光信噪比(OSNR),上述 SOA 门产生自发辐射噪声,导致光开关片上 OSNR 是以 $-10\log(N-1)$下降的。WDM 的发射芯片有 N 路激光器,激光器边模抑制比是理想的,用 AWG 合波时 AWG 不是理想的,这样信道互相之间就有串扰,并且可以算出 OSNR 也是以 $-10\log(N-1)$下降的。因此我们可以大致总结出一个规律:串扰和自发辐射都是导致 PIC 芯片上 OSNR 以 $-10\log(N-1)$下降的。假设可接受的最终信噪比为 20 dB,最开始每信道信噪比为 30 dB,那么 $N=10$ 就已经到极限了,最多集成 10 路信道;假设每个信道信噪比最开始有 40 dB,可以集成 100 路;如果每个信道最开始信噪比有 50 dB,那么可以集成 1000 路。所以可以大致预测,PIC 最多集成 1000 到 10000 路信道。假设每个信道需要 10 个器件,总的集成度大概会受限在 10^5量级。

4. 总结

用光子集成可以实现一些很好的指标,比如更高带宽、更好信号质量、更精确地控制信号参数、更低能耗、更小体积、更轻质量等,这些都是很有吸引力的性能,使人们对光子集成的研究前赴后继。

在三类光子集成平台中，三五族化合物半导体的有源集成平台，硅酸盐或者玻璃材料的无源集成平台，以及与CMOS兼容的硅基集成平台，分别已经有了许多杰出的工作，它们有着各自的优势，然而也存在各自的问题。要抓住重点难点去做，才可能做出很好的工作。

光子集成对电子集成的摩尔定律的类比掩盖了光子集成规模受尺寸、插入损耗和光信噪比三个因素限制的事实。我们不应该要求光子集成超越电子集成，而是应该发挥其独特的优势，作为电子集成的补充，解决电子集成解决不了的问题。

（记录人：阮政森　审核：王健）

郝建华 香港理工大学应用物理学系教授，兼任副主任和研究委员会主席。郝教授在华中科技大学获得学士、硕士和博士学位。先后在华中科技大学、美国宾夕法尼亚州立大学、加拿大圭尔夫大学和香港大学工作，2006 年开始执教于香港理工大学。发表过 210 多篇 SCI 国际杂志学术论文，是 ESI 材料科学高引科学家之一。他是 5 个美国专利的第一发明人。在香港理工大学，作为课题负责人(PI)，主持了 14 项受政府资助的研究课题。获得过香港理工大学学院研究学术杰出成就个人奖、纳米科学研究领先奖、材料研究贡献奖、第 45 届日内瓦国际发明展特别优异奖和金奖等奖项。自然出版集团的《科学报告》和 Wiley 出版社的《先进光学材料》等国际杂志的编委或高级编辑，香港物理学会副主席(2015—2017)。担任许多国际会议的主席、分会主席或组委会成员，并在众多大会上作过大会报告、主题报告或邀请报告。目前主要的研究兴趣包括：用于光电子、能源和生物医学的发光学和发光材料；功能薄膜、二维层状材料和异质结。

第124期

Luminescence Ions in Advanced Materials and Devices for Optoelectronic and Biomedical Applications

Keywords：metal ions，upconversion fluorescent，multimodal bioimaging techniques，biosensors，magnetic-induced luminescence

第124期

应用于光电子和生物医学先进材料和器件中的发光离子

郝建华

1. 基于发光离子的研究概况

发光用最简单的话来说就是要造成电子的两个不同能态,如果将一个电子从基态激发到一个高的能态(激发态),不管是用什么能量来激发它,都能得到一定波长的发光。那么具体到某些材料,比如说在光电子中应用最多的半导体材料,存在一个禁带宽度,半导体中的电子可以吸收一定能量的光子而被激发。处于激发态的电子可以向较低的能级跃迁,以光辐射的形式释放能量。某些能量会被释放成为热能,这对发光是没有贡献的,所以很多发光的实验室挂的口号是“少发热多发光”,这个从学术角度来说就是要增强发光的效率,减少能量的损耗。光电子材料发光的波长由

$$\lambda=1.24/E_g$$

决定。其中 E_g 是禁带宽度(单位为电子伏)。仔细看这个公式就会发现,在普通的光电子材料中,实际上发光是有缺陷的。对某一个半导体材料来说,由于禁带宽度是一定的,发光波长受到限制。而我们在应用时需要的是丰富多彩的发光,从紫外光到可见光,到红外光,乃至于更长的波长。为解决这个问题,我们充分发挥了金属发光离子的优势。

如图 124.1 所示,在元素周期表中有很多的金属元素,其中镧系金属、稀土金属、过渡族金属和主族金属值得我们注意,因为这些金属离子绝大部分都有很好的能带带宽,电子的迁移率也较高。比如镧系金属,相比普通的半导体有更多的能级,如图 124.2 所示,可以产生多种多样的辐射吸收和发射,是应用广泛的发光和激光材料。

如果将这些发光性能很好的单个粒子掺入到半导体材料中,就能得到更多能级转移,也就得到了各种颜色的发光。如果把它们再做成一些纳米粒子,则这些粒子之间的能量还可以发生转移,这样就会有更多的选择了。比如说在 Yb 和 Er 共掺的材料里,Yb 吸收了 980 nm 的光,电子可以转移到 Er 里,从而发一些可见光、红外光。过渡族金属除了像镧系金属一样有很多能级之外,它们还有一个好处就是对外界的环境和材料

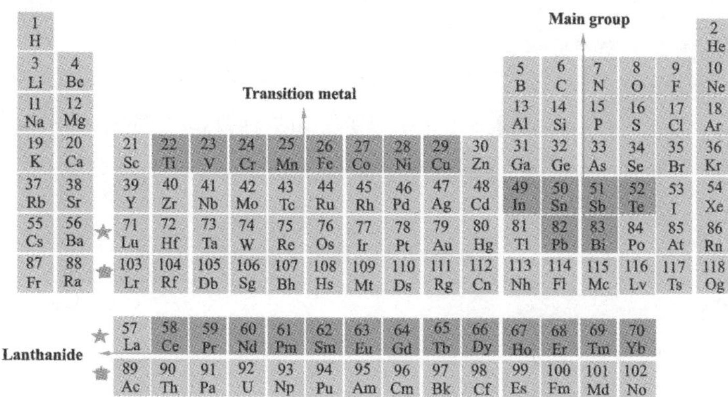

图124.1　元素周期表中的金属发光离子

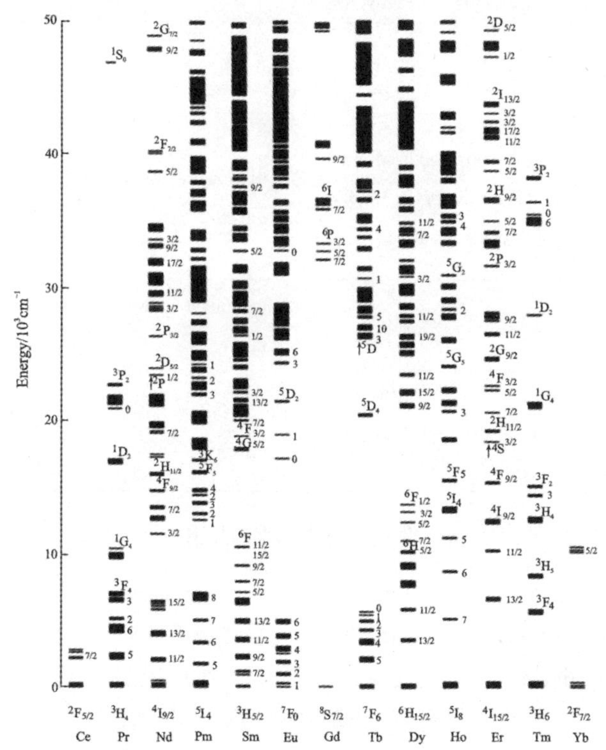

图124.2　镧系金属能级图

敏感，由此我们可以做一些新的材料设计使其响应外界的电场、磁场等。

过渡族金属在发光和可调谐激光中发挥了重要作用，其3 d电子决定了发光特性，所以说晶体场环境对发光离子产生了非常大的作用。我们可以利用这个特性来探测外界材料的晶体场环境。稀土离子的电子结构决定了能级取决于4 f价电子的构型和外部环境的作用,后者由于 5 s、5 p 电子屏蔽作用属于微扰项。如果在材料中掺杂三价稀土离子的话,绝大多数对外界环境的晶体场是不太敏感的,能级主要是取决于稀土离子的掺杂和凝集的状态。

结合这些知识,我们就可以把这些发光离子和多种材料,如半导体、二维材料、多孔材料、磁性材料等混合在一起,从而应用到光催化、生物医学、药物释放,以及光学成像等方面(如表 124.1 所示)。

表 124.1　混合材料制备时发光离子的选择

Material Choices	Example	Merits	Application
polymers	polydimethylsioxane (PDMS), poly methyl methacrylate (PMMA)	flexible, easy processability, low-cost	photonic and optoelectronic deviced
magnetic materials	Fe_3O_4, Fe-Co-Ni alloy	magnetic properties	sensors
porous materials	nanoporous anodized alumina membrane(NAAO), mesoporous SiO_2	small pores, large surface area	biosensing, drug delivery
catalysts	TiO_2	photocatalyst under UV light	improved photocatalysis
2D materials	graphene: 2D layered transition metal dichalcogenides(TMDs)	atomic layer, large surface area	optical limiting, phototherapy

2. 发光离子多功能化的研究思路和结果

1)显示器件

光显示技术是将电子设备输出的电信号转换成视觉可见的图像、图形、数码以及字符等光信号的一门技术。它作为光电子技术的重要组成部分,近年来发展迅速,应用广泛,市场也非常大。液晶显示器(LCD)是目前的主导产品,但也有一些新的技术应用在某些特殊场合,比如说场发射显示(FED),我们早年也针对这方面做了一些场发射的发光材料。场发射显示就是在发射与接收电极中间的真空带中导入高电压以产生电场,使电场刺激电子撞击接收电极下的荧光粉,从而产生发光效应。我们做了一些可控体积的单分散荧光粉,实现了从纳米到亚微米级的尺度,得到了很好的效果。

2)白光 LED

白光 LED 主要用于照明,作为第四代照明光源,有庞大的照明市场和显著的节能前景。过去主要的照明光源是小功率 LED,比如市场上一些小功率 LED,是用蓝光来轰击铈激活的稀土铁石榴石(YAG:Ce-silicone)发出黄光,发射的黄光和剩余的蓝光混合在一起,调制它们的强度比,即可得到白光。但当今大功率照明是一个需要考虑的非常重要的问题。功率大了以后,YAG 不能直接接触在蓝光 LED 上,那就需要一种复合材料,这种复合材料离开高功率的蓝光 LED,就能在寿命等方面有很好的优势。另外本课题组和香港城市大学 Peter A. Tanner 教授合作,在上转换高亮度的白光 LED 方面做了一些早期的研究工作。相关研究成果发表在 *Optics Letters* 和 *Optics Express* 上,题目分别为 *Luminous and Tunable White-light Upconversion for YAG*($Yb_3Al_5O_{12}$) *and* (Yb, Y)$_2O_3$ *Nanopowders* 和 *Upconversion Luminescence of an Insulator Involving a Band to Band Multiphoton Excitation process*。

3)全色谱吸收太阳能电池

太阳能电池是一个非常热门的领域,比如硅太阳能电池已经产业化了。其实太阳光具有从紫外光到红外光非常多的波长,但由于禁带宽度的限制,硅太阳能电池只有三分之一的波长可以利用,很大一部分紫外光和红外光没有用上。对于这个问题,用发光材料是可以做一些工作的,比如通过下转换技术把紫外光(高能量、短波长)转换成在硅太阳能电池可吸收的范围,也可以把红外光上转换到这个范围来。所以通过上转换和下转换技术(如图 124.3 所示),我们可以得到一个全光谱吸收的新型太阳能电池。

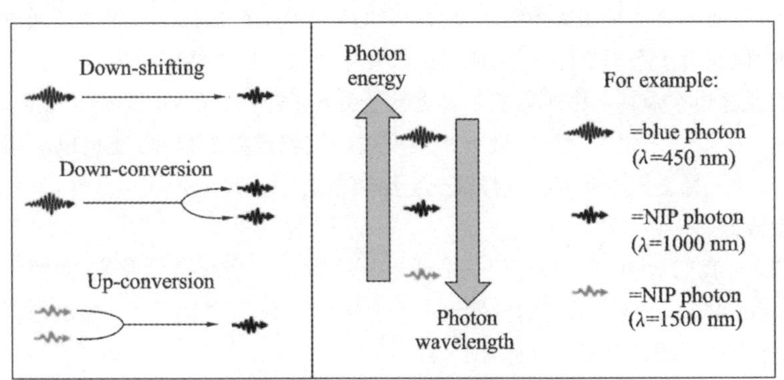

图 124.3 上转换和下转换过程

4)光子器件与光放大器

这部分工作我们是和浙江大学邱建明教授合作的,他那边主要是做一些玻璃的光纤光放大器。光通信产业中光放大主要使用的是 Er 掺杂。我们做的主要工作在薄膜方面,采取了非 Er 掺杂的方法。因为 Er 掺杂虽然效率比较高,但 Er 是稀土离子,发光的波宽受到限制,实际上只有 100 nm 左右。窄带的发光对于信息的通量来说是有限制的。现在是信息爆炸的时代,我们需要得更多的是宽带的波长,所以我们可以采取一些其他的金属,比如过渡族金属或者主族金属,从而得到一个更大的波宽。相关内容曾于 2008 年和 2009 年发表在 *Advanced Functional Materials* 上,分别为 *Ligand-Driven*

Wavelength-Tunable and UltraBroadband Infrared Luminescence in Single-Ion-Doped Transparent Hybrid Materials 和 *Multifunctional Bismuth-Doped Nanoporous Silica Glass: From Blue-Green, Orange, Red, and White Light Sources to Ultra-Broadband Infrared Amplifiers*。

5)多模式生物医学成像和生物传感

进行生物医学成像时常用的荧光标记分子有很多种,例如有机荧光染料、荧光蛋白、荧光量子点,等等,我的课题组主要关注的是上转换发光、稀土离子掺杂。目前已知的通过稀土离子掺杂的上转换发光比普通非线性过程的条件要简单得多,可以用一般的CW激光实现,不需要超快激光。

为什么要用上转换呢?生物组织的光转换窗口都在近红外过程,所以通过上转换我们可以在近红外部分实现发光,它的穿透深度更深,背景噪音比较小,图像对比度高,这是大家都基本认可的。

我们的早期工作是和武汉光电国家实验室的张智红老师一起合作的,这部分大概在7年前完成,其中材料合成和细胞成像是在香港完成的,小鼠在体成像是在武汉做的。这是我们课题组在生物成像上做的第一项工作。当时条件非常有限,合成的离子团聚比较厉害,我们用的是水热法,所以表面修饰溶于水也不是很好,这是一个比较粗糙的工作。之后我们又使用了一些更好的新型合成方法——热分解法,纳米粒子分散得非常好,以前的尺寸是四五十纳米,现在可以调控到几纳米到十几纳米。通过很多种表面修饰,现在溶于水不是问题了,所以最近几年也做了很多活体成像。

我们课题组在上转换中所做的主要贡献是引入了磁性介质,主要是引入了Gd这个元素。引入磁性介质之后就可以做一些多模式的生物成像的应用;还可以利用气体材料为基底,加入稀土离子和Gd,这样稀土金属离子有发光现象,Gd有磁性,就可以做一些磁共振成像。

2012年,我们运用$BaGdF_5$:Yb/Er纳米颗粒做了一个双模式成像(如图124.4所示),既能在980 nm波长的光的激发下进行上转化发光,又能因为Gd的磁性进行磁共振成像,并且这种颗粒对于生物体是无毒的。

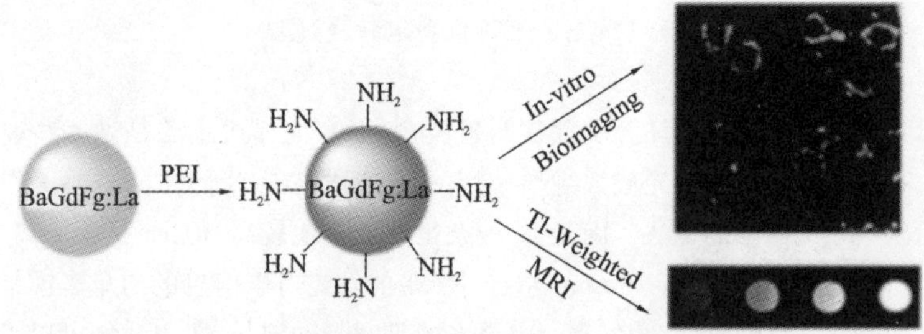

图124.4 运用$BaGdF_5$:Yb/Er纳米颗粒的双模式成像

我们还发现Ba和Gd的掺杂有X光吸收的性质,而且可以对不同的能量进行吸收,

所以后来我们又进行了活体 CT 的成像，这样就可以用一种纳米粒子同时实现细胞荧光成像、CT 成像和磁共振成像。最近我们通过 X 光上转换协同成像，可以对血管进行造影，只有在造影剂中加入了我们这种纳米粒子，才可以看到肺部血管。

在生物医学成像中，荧光成像、MRI、CT、PET 各有自己的优点和缺点（如表 124.2 所示），但通过我们的方法可以将这几种成像手段综合应用来对生物进行成像，这也是未来的一个发展趋势，即协同的多模式成像。对于这种协同的多模式成像，同样需要发展一些像我们这种上转换多功能的纳米粒子，作为不同成像技术的影像剂或者造影剂。

表 124.2　荧光成像、MRI、CT、PET 的优缺点

Technique	Advantages	Disadvantages	Specifications
fluorescent imaging	good planar resolution, high sensitivity	limited penetration for in-vivo imaging, no 3D information	UV/NIR laser as excitation source (low power), resolution: ~0.2 μm, confocal microscope
MRI	non-ionizing radiation, excellent spatial resolution and depth	limited sensitivity, not able to image low hydrogen content parts	commerical 3T MRI unit, resolution: ~3 μm
X-ray CT	high resolution, 3D detail of soft tissues	ionizing radiation, low sensitivity	commerical CT scanner operates at ~60 kVp, 0.5 mA, resolution: ~100 μm
PET	able to show the structure of organs and blood flow to and from organs	use of radioactive isotope, costly scans	18F-glucose as contrast agent, resolution: ~0.83 μm

最近我们也用上转换做了一些生物传感的工作。在禽流感肆虐的时候，为响应世界卫生组织的号召，我们进行了流感检测的一些相关工作。实际上临床病毒检测用得最多的两种方法是逆转录 PCR(RT-PCR)法和酶联免疫吸附测定法(ELISA)，但这两种技术都需要专业人员操作，送样本后隔一段时间才能得到结果。我们当时就想，有没有可能用光学方法实现快速的检测呢？那么最普通的方法就是用下转换，即用紫外光照射来进行检测，但此方法对 DNA 有损坏并且背景噪声比较大，所以我们还是发挥我们技术的优势，用上转换来检测。基于这种想法，我们设计了一种生物探针，在 UCNP(上转换纳米金)上面用 980 nm 的光照射上转换时，可以发射绿光，绿光可以被金粒子吸收，这样金粒子就带上了一些病毒的靶标，如图 124.5 所示。然后探针和病毒发生配对

作用,如果配对比较多的话,它们就会相互吸引,发射的绿光就会被更多的金粒子吸收,从发光的强弱即可判断病毒的数量和浓度,这是一种非常灵敏的检测方法。2016 年,我们也对其他病毒进行了研究,只要很好地调整探针设计方案,就能针对其他病毒起作用,比如埃博拉病毒。不同于过去的液相检测,我们在这项工作中采取了一种最新的技术——纳米多孔材料,实现了固相的检测,使灵敏度大为提高。我们非常希望能把它应用在一些实用的产品中,比如做成一个阵列,和计算机结合起来进行数据分析,形成一个便宜且可以现场检测的、普通人都可以操作的商品化产品。

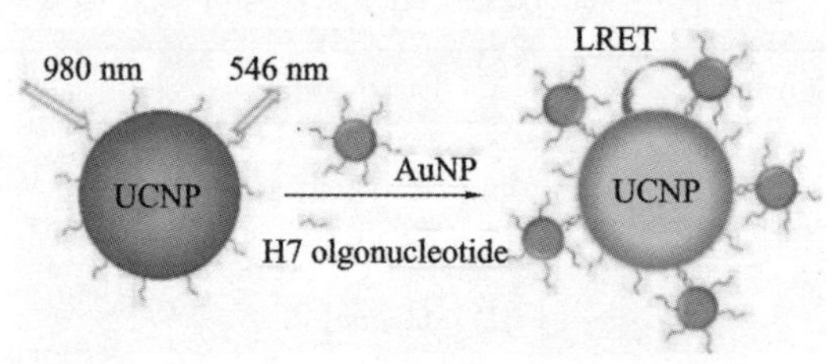

图 124.5　病毒检测材料工作原理

6)物理手段调控和相关发光器件

目前的发光材料,其基本结构都包括一个基底材料和一个发光离子。不管是想要往哪个方面应用,都会牵扯到改变发光材料的发光性质,比如颜色、波长、强度,等等,实际上很多时候我们采用化学方法来实现这一点。要么改变基底材料的成分,要么改变掺杂离子的成分,要么两者一起改变,这些方法简便且有效,但仔细想一想,实际上也是有缺陷的。一方面这些都是不可返回的过程,一个材料固定了以后,发生的是化学变化,不可以恢复到以前的状态;另一方面这不是一个原位的方法。于是我们就思考是否可以用物理的方法,比如将力学、电学、磁学应用到光学上,从而改变发光材料的发光性质。

智能材料是具有铁电、压电还有磁性响应特性的一些材料,对外界的刺激敏感,如电场、机械应力、磁场等。如果我们能把智能材料和金属掺杂的发光离子耦合在一起,就产生了一种新的材料——智能化的发光材料。这种材料可以用于研究发光的动态过程,而且增加了电场、磁场激发光的途径,这给了我们很大的发挥空间。这是一个从单功能到单一体系多功能,再到多体系耦合的多功能的过程。

2011 年,我们把铁电材料耦合到上转换上面,然后加上一个电场,发光就会增强;更有意思的是,如果加上一个只有几伏的交流电压,就可以对发光进行调制,也就是用电来调制发光的过程。相关内容发表在 *Angewandte Chemie International Edition* 上,题为 *Electric-Induced Enhancement and Modulation of Upconversion Photoluminescence in Epitaxial* $BaTiO_3$*:Yb/Er Thin Films*。我们接着做了压电场调制,使用了一种硫化

锌掺锰的材料，由于锰是过渡金属，所以对外界环境比较敏感；另外一种 PMN-PT，是一种压电材料。把它们耦合在一起，不仅可以通过压电场导致材料发光，而且材料本身还可以发射超声波。相关内容发表在 *Advanced Materials* 上，题为 *Piezo-Phototronic Effect-Induced Dual-Mode Light and Ultrasound Emissions from ZnS:Mn/PMN－PT Thin-Film Structures*。

这个方向还有一项值得一提的工作就是我们引入了磁性，在这个方面大多数传统技术使用的是最简单的霍尔效应、霍尔传感器、磁电过程和超导。这些传统技术灵敏度很高，但缺陷在于它们都是电测量过程，必须要外加电流，所以我们要做一些电接触、引线等才能测到信号，在某些应用上很有限。要想用于直接成像，就要将磁场直接转化为光发射，这样才能直接得到可视化的结果，而且不需要电接触，不需要电源，材料本身可以提供电力，同时还是非破坏性的、非侵害的探测。前人的研究告诉我们，只有在非常高的磁场和非常低温的情况下，磁场才能影响光致发光和电致发光，而不是直接产生光。也就是说磁场很难改变光学的跃迁过程，最多是强磁场产生一些能量的分裂，磁性很难直接导致发光。针对这样的情况，我们采用应力发光材料，通过磁性材料把它耦合进去，产生了一种不同于磁致发光（magnetoluminescence，ML）的效应，我们将其命名为 magnetic-induced luminescence（MIL）。依据压电光子效应，把两种材料耦合在一起，可以看到，加了磁场之后应力材料直接产生发光，随着频率的增加，发光强度也随磁场的平方线性增加，这种策略可以用来做磁传感器。相关内容发表在 *Advanced Materials* 上，题为 *Magnetic-Induced Luminescence from Flexible Composite Laminates by Coupling Magnetic Field to Piezophotonic Effect*。

3. 基于二维材料的纳米光电子器件

这部分内容主要介绍怎么把发光离子引入到二维材料里。大家知道目前的二维材料除了石墨烯还有很多种，涵盖了半导体、绝缘体等，所以说有很大的空间去发展纳米电子和纳米光电子。关于这一点我们做的工作实际上起源于华中科技大学。本人曾用准分子激光法（PLD）长氧化物薄膜，这也算是长氧化物的一个标准方法。最近二维材料研究者很多，我们尝试用 PLD 法做二维材料，这种方法也确实比较好。比如黑磷，除石墨烯外的一种很重要的单质的二维材料，它现在大部分还是用机械剥离的方法制造，用 CVD 方法很不成功，用 PLD 法却效果很好。另外很重要的一点是我们把稀土材料引入到了二维材料里。普通二维材料如半导体材料的发光受限于带宽、基质和厚度，也只能从这几个方面调制，调制的范围到不了近红外 1.5 μm 波长。我们把在光纤通信中最常用的 Er 离子引入到二维半导体中，就实现了近红外的上转换和下转换，再用 980 nm 的激光照射，即可以得到 800 nm 左右的上转换，也可以得到 1.5μm 的下转换。各种二维材料合成方法的优缺点如表 124.3 所示。

表 124.3　各种二维材料合成方法的优缺点

	Size	Throughput	Thickness Homogeneity	Fabrication Rate	Processing Temperature
mechanical exfoliation	1～10 μm	low	low	fast	RT
chemical exfoliation	1～10 μm	high	moderate	moderate	RT
liquid exfoliation	1～10 μm	high	moderate	moderate	RT
CVD	over 10 cm	high	very high	low	high
PVD	over 10 cm	high	high	moderate	moderate
PLD	up to 1 cm	high	high	hast	moderate

4. 引入金属离子的纳米能源应用

目前很多人在做柔性摩擦发电机，现在主要存在能源管理、存储、可靠性和稳定性的问题。我的课题组主要在可靠性和稳定性上做了一些工作。我们注意到目前这种摩擦发电机的各种机械应力都需要直接接触，如果这种接触不稳定的话，就会给材料带来衰减。所以我们把金属离子引入到摩擦发电机里，由于磁性的引入，外界的机械力不需要直接接触器件，这样就减少了衰减。

5. 总结和展望

发光材料通过基质和掺杂离子的设计或者与智能材料的耦合，可以研制智能化和多功能化的发光材料和器件。其中上转换荧光、MRI 和 CT 等多模式生物医学成像和生物传感对开发成本核算、快速准确、相互补充的新一代诊断技术有重要意义。而复合发光材料和器件在研究发光新机制和新概念器件方面具有广阔的空间，在光电子、生物医学、纳米技术和清洁能源等领域具有很大的科学研究价值和应用前景。

（记录人：张文婷　审核：张玉慧）

陈建平 上海交通大学教授，区域光纤通信网与新型光通信系统国家重点实验室副主任。先后承担并完成了多项国家科技部、国家自然科学基金委、上海市科学技术委员会及军委装备发展部的重大、重点项目。国家重点基础研究发展计划(973 计划)首席科学家。持有美国、欧洲和中国发明专利 30 多项。曾获国家教学成果二等奖，教育部和上海市科技进步奖。目前兼任国务院学位委员会第七届学科评议组成员、上海交通大学学术委员会秘书长等职。参与编写国际学术专著 *Optical Fiber: New Developments*。2001 年以来在 *IEEE Journal of Lightwave Technology*、*IEEE Photonics Technology Letters*、*Applied Physics Letters* 等国际光通信领域重要刊物上发表论文 50 多篇，在国内学术刊物上发表论文 80 多篇。研究领域主要包括：光子信息处理器件与技术(光导波理论，新型光电子材料、器件、工艺和技术，光子信息处理集成器件与技术，微纳结构光电子材料和器件，光 AD/DA 器件与技术，高速数据采集与传输等)；快速光交换系统和网络(面向 IP、具有高带宽资源利用率的快速光交换技术，支持快速光交换的光电子器件，包括光开关和光交换矩阵、光波长变换器、可调谐光学滤波器、合波器和分波器等，快速光交换网络组网方案、信令协议，边缘和核心节点的结构和软硬件实现方法，快速光交换网络实际应用中的关键技术问题)；光纤传感技术(各类新型光传感器及其应用中的关键技术，包括适合于特种环境，如太空、深海、超高温、超低温、有毒有害等环境的光纤传感器，各种阵列光纤传感器等)。

第125期

Photonic Analog-to-digital Conversion Technology

Keywords: photonic analog-to-digital converter, time-wavelength interleaving, time-stretch, femtosecond laser

第125期

光子模数转换技术

陈建平

1. 电ADC的现状和困境与光ADC的出现

随着光纤通信技术的成熟,我们的研究重点从纯粹的数字光通信转向其他领域。在数字光通信技术领域,中兴、华为、烽火等企业的研究实力非常强大,如华为已经成为世界第一的电信设备提供商,烽火等已成为国际上不可或缺的光通信企业,由此我们课题组将方向转向了器件研究。无论是通信还是信号处理都需要器件,器件研究是一个永恒的主题。我们目前的研究重点在硅基光子集成。另一方面,在传输方面,我们的研究面向长距离时间频率传递,即用光纤来进行时间同步。时间同步在很多领域都有应用,包括导航、定位、雷达等。

高速数字信号处理有两类:模拟方法处理和数字方法处理。模拟信号数字化处理有很多好处,如数字化处理通过再生的方式,能够很好地消除噪声干扰,抗干扰能力比模拟信号强很多;数字化处理可以用超大规模集成电路来实现,可以用各种各样的逻辑门组合进行处理,功能强大;并且数字信号可以通过各种编码方式打乱和恢复;数字信号能存储,不会老化,可以精确重复操作。当然模拟信号数字化处理,也有一定代价,比如带宽会变大,比正常的模拟信号带宽大得多。

模数转换为四个步骤:采样、保持、量化和编码。所谓采样就是用脉冲时钟,在特定时刻打通开关,把模拟信号读取进来。模拟信号在任意时刻都有信号,幅度是一体的,数字信号只在特定时刻有信号,只能取特定的有限的幅度值。用时钟通过开关采样模拟信号,但开关瞬间是很短的,后期处理还是需要使信号保持下来。这样获得的还不是数字信号,因为取值还是随意的,需要通过量化的方式,将取值调整到特定电平,有的处理方式是把小信号扔掉,有的有舍有入,有各种方式。由此得到幅度离散的固定的信号。最后通过编码得到二进制信号给计算机处理。

模数转换过程当中,什么因素会影响转换效果呢?奈奎斯特和香农指出,在进行模拟/数字信号转换的过程中,当采样频率大于信号中最高频率的2倍时,采样之后的数字信号能完整地保留原始信号中的信息。据此我们总结出ADC的关键指标为采样速

率(取决于被采用信号的频域特性)、量化精度(取决于量化位数,位数越多,量化等级越细,误差越小。一般用有效比特数(ENOB)表示)以及时钟性能(影响采样率和量化精度)。采样率不够将无法恢复原信号。由于噪声、器件带宽、非线性会引起失真,ENOB(effective number of bits)实际能达到的量化位数会降低,即将实际 ADC 等效为理想 ADC 时所对应的量化位数会降低。此外,采样脉冲幅度抖动也会极大降低转换效果和系统性能,减少有效比特数。

ADC 的应用非常广,可用于手持设备、国防领域等。很重要的应用之一是雷达,雷达是一种通过发射电磁波并接收反射波来判断目标物位置的设备。在信号反射过程中,除了目标还有其他很多因素都会反射,比如海浪会反射,云雾也会反射。为了在反射信号中提取出目标信号,对 ADC 要求非常高,最少需要 10 位,最好能到 14 位。

随着 ADC 技术的逐渐成熟,电 ADC 在 20 世纪 90 年代有了非常快的发展。ADC 技术的性能提升有物理的极限,比较器速率高了之后会带来判决模糊,另外还有各种噪声的限制。在过去的几十年里,电 ADC 的发展基本上十年一个台阶,但现在已经到物理极限了。电 ADC 受限于时钟抖动和比较器模糊等关键指标,目前的性能基本接近理论极限,提升空间有限。

因为奈奎斯特采样率要求为信号最高频率的两倍。随着模拟信号带宽的增加,比如雷达,模拟信号带宽越大则探测能力越好,需要采样频率越来越高,以至于现在做到了比较器的模糊限制。为解决这个问题,有人提出了广义采样的方法,采用时分或波分复用方式降低采样要求。也就是说,一种是时域交错,如果有 N 个通道,采样频率可以降低 N 倍,但是模拟带宽不能降低;一种是频域交错,采样频率和模拟带宽都能降低 N 倍。

时域交错方式对每个通道不是按照奈奎斯特定理采样的,而是欠采样,但是在后端会把其拼接成符合奈奎斯特采样定理的采样方式,且拼接时需要时间严格对齐。另一方面,进来的信号的带宽需要一个宽带、高平坦度放大器来保持不失真,这是非常难的。用这种方式,并没有降低对宽带放大器的要求,但是降低了采样率。

频域交错方式是将宽带信号采取分段截取,做变频处理,对每一段并行采样,使每一段带宽变得比较小,最后再拼接起来。其好处是采样率下降,缺点是拼接复杂,对后端数据处理、滤波器及滤波器衔接的要求都很高,这样复杂的拼接也会影响信号质量。

广义采样对性能改善有限,且成本代价高。目前国际上高速信号处理,至少需要用到安捷伦、力科和泰克的示波器。对模拟信号进行处理,模拟带宽每增加 1 GHz,示波器的市场价增加 1 万美元,并且存在禁运。

由于光子器件具有高速、宽带的特点,已在信息传输方面得到了很好的应用,其理论在信息处理方面也能发挥其应有的作用,总结下来光 ADC 有以下几个方面的特点:采样时钟抖动极低(飞秒量级),比电低两个数量级;容易实现多路并行处理;采样时钟重复率低。这是因为 ADC 中要选择稳定性高的激光器。例如我们选择的被动锁模激光器,有着稳定性高的优点,但是缺点是重复频率低。

在本文中我们会提供两种方式提高重复频率,一种是时间波长映射,一种是光纤色散降信号带宽,下面会详细介绍。

2. TWI 光 ADC 原理与技术

光 ADC 所用的时钟是光时钟,采样的过程也变成电-光/光-光采样,即是电光或者光光调制的过程。正常的模拟信号可以是电信号,例如恶劣环境下的雷达系统,不便于在原地处理信号,可以通过把信号变成光,传递到处理系统里处理。也可能信号本身就是光模拟信号,采样之后有两种方式可以处理。一种方式是把其变成电信号,再用电 ADC 量化处理,电 ADC 很成熟,但速率有限;另一种方式是直接进行光量化,再进行光电转换,光量化速度可以很快。光量化把幅度和相位频率偏移联系起来需要很大的非线性系数才能做到高精度,但是现在所有材料的非线性系数都是有限的。所以我们一般还是采用光采样、电量化的方案。

下面介绍时间-波长交织光 ADC(TWI-PADC)的结构。被动锁模激光器的输出脉冲重复频率比较低,需要用时分波分的办法,将其变成高重复频率、时间-波长交织的光脉冲,再通过电光调制采样,使用波分复用的方式解复用解开。普通的 MZI 调制有两路,都可以利用起来。最后再用低速的电 ADC 处理,拼接起来实现电信号输出。TWI-PADC 基本上由时钟产生模块、电光采样模块、处理模块构成。

随着光通信技术的成熟,有人提出利用光速度快、带宽大的优点做 ADC,一直以来有人在这样做。一个 ADC 是一个系统工程,要把它性能做好受很多因素影响。虽然国内外已有团队开展了比较多的工作,但是要从系统层面解决问题,还是有很多工作需要做。我们根据时间-波长交织光 ADC 系统做了一个理论模型,被采样信号由电光调制器响应特性抽象的函数作用后,加入采样脉冲抖动,然后由电光探测器响应作用,再加入各种噪声,多路叠加得到输出信号。据此工作,我们在 2015 年申请了国家自然基金重点项目“超高速高精度光学模数转换技术研究”,并获得支持,现在正深入开展研究。

电和光的采样过程有很多不同。众所周知,时域与频域特性是相反的,电脉冲越窄,则频谱越宽。光的时域脉冲是飞秒量级,这样窄的脉冲,频谱包络是非常丰富的,时域的脉冲串在频域也是脉冲串。采样过程在时域上是相乘过程,在频域上是卷积过程,即所有的频谱分量都要对采样信号扫描一次,成为一个复杂混叠的信号,频谱在混叠中还是有序的。$-0.5\ \Omega s$到$+0.5\ \Omega s$ 对应第一奈奎斯特区域,在这一区域,频谱分量由蓝、红、绿这些频谱拼接而成。也就是说,在光采样过程中自动完成了下变频的过程。在高速电系统中,如宽带雷达,无法直接处理高速信号,都需要上变频或下变频过程,变到中频来处理,变频过程非常复杂,会引入噪声,且成本很高。而光采样过程中,下变频自动完成,这样的系统做得好的话,优势很大。在广义采样中,时域交错需要宽带平坦放大器,频域交错对下变频及滤波器的要求很高。光采样过程是个宽带的下变频过程,

有可能自动实现很多功能，也许只需要很小带宽，就能实现对高速信号的采样。用这个模型，我们可以把系统的过程很好地分析清楚。

在时钟产生方面，我们实验室使用的飞秒激光器频谱重复频率很低，约 30 MHz，谱宽很宽，约 30 nm，脉冲宽度几十纳秒，周期很长。因为频谱很宽，可以通过谱分割的方法切割，切完之后通过一定的时延搬移，例如变成八个脉冲，可提高八倍的重复频率；还可以用时分复用的方法，进一步提高重复频率。提高的倍数就由波分、时分的倍数相乘得到。我们在“十一五”期间的一个研究工作就是 18 个波长，做到83.9 GS/s采样率。这么做对我们的激光器要求很高，要保证脉冲时间抖动很低，且重复频率越高越好。而做时分、波分不可避免地会引入各种各样导致系统性能下降的因素。从我们的经验看，波分要比时分好做。因为时分本身是皮秒级，很难对准；而波分在光通信中很成熟了，比较好做。

总结下来，激光器需要高重复频率、宽光谱、低时间抖动。但是前两个因素是互相矛盾的，高重复频率的光谱宽度较窄。我们后面又买了一个 250 M 的激光器，谱宽就只有几纳米。关于锁模激光器的研究非常多，用得最多的是半导体的可饱和吸收体。后来碳纳米管也可以做可饱和吸收体，最近发现过渡金属硫化物做可饱和吸收体的中心偏移时间要比半导体和碳纳米管都要小。中心偏移时间小的好处是可以实现比较低的噪声，耦合到输出的噪声小，保证输出的时间抖动低。另外非线性偏振旋转（NPR）调制深度大且响应速度快，可提高重复频率。另外也可以对腔内色散/非线性进行管理，我们最高做到 148 nm 的宽度，基频重复频率可以提高到 201 MHz 的水平。这个方向还是很有前景的。钱学森实验室也在这方面做过很好的工作。

我们再来介绍电光采样技术。采样过程非常关键。TWI-PADC 的采样过程用的是经典的 MZI 电光调制器，这个调制器的好处是带宽比较大，通常用铌酸锂实现，响应速率也比较高。其原理为两束光的干涉，改变某臂相位，这样会改变输出光的强度大小，这样的改变和输入模拟信号的改变是一样的。但有个问题是输出线性动态范围有限，需要补偿和校正。对于光通信而言，二进制信号没有高动态范围的要求。而 ADC 处理的是模拟信号，对动态范围要求很高，对此我们深有体会。我们在实验过程中发现，虽然采样频率很高，但是体积、功耗等方面也需要满足一定条件。我们可利用相位解调等措施来增大动态范围，用软件处理，对采样信号进行反余弦变换，恢复出信号。

最后我们来介绍信号重构。信号重构时会遇到电广义采样多路系统的问题。通道-时间、幅度、偏置存在不一致，需要校正。可以通过“时域＋频域”的方法标定。时域方法是指输入一个特定的微波信号，看每一路对信号采样情况如何，如果没有到相位点可以通过比较得到每一路通道时间幅度的偏移量，从而校正。另一种频域方式是指，如果系统通道一致，拼接不会有杂波；如果存在杂波，是由于通道间不一致，每一个反应都不一样造成的，通过分析谱可以慢慢改进。这类校正工作非常重要，国内外都有报道。

3. 时间拉伸光 ADC 原理与技术

光纤的色散会导致不同频率信号的速率不一样,产生时域展宽。合理的利用这种展宽,可以压缩信号的带宽,从而用低速电 ADC 处理。

时间拉伸原理比较简单,将窄的飞秒脉冲先预拉伸到至少与信号宽度一致,调制之后再通过色散光纤进行拉伸。拉伸倍数为两次作用的叠加。拉伸过程需要反复控制来进行同步。

假如信号是连续信号,需要把脉冲在时间上连续起来。若重复频率低,不容易填满形成连续信号,所以要用谱分割技术实现时间复用,从而使脉冲变得密一些,然后拉伸。这样不可避免就会有些交叠。交叠的成分是可以识别的,因为波长不同,这些可以利用起来,用来判断通道之间的差异以及校正。

我们在 2012—2015 年做的一个国家自然科学基金专项,就是将单通道脉冲重复频率做出三倍,再拉伸成连续的。做的效果不是很平坦,但是问题不大,可以用算法校正。我们对一个 18 G 正弦的信号进行采样,拟合效果很好,相当于实现了 205 GS/s 的采样率,提供了超高速数字式实时光电示波器的方案。

4. 光 ADC 发展展望

近几年国内外在光 ADC 系统研制方面均取得可喜进展。2012 年,MIT 的 Kaertner 报道了一个集成化的 ADC,采样率达到 40 GS/s,有效比特数达到 7 位。UCLA 的 Jalali教授,2013 年做了一个时间拉伸的 ADC,转化成了产品,售价 10 万美元一台,速率 160 GS/s。我们也陆续做了采样率 2 GS/s、有效比特数 8 位以上的,以及之前讲的 205 GS/s采样率的样机。

光 ADC 采样率可以做到很高,但是还存在几个方面的问题。大家可以看到有效比特位还是比较低的,比如雷达系统都要求有效比特位在 10 位以上,还需要做很大改进。目前样机都是基于分立器件的,做的体积比较大,功耗、成本都是需要考虑的。这里面有大量工作需要做。

减小体积一个重要的方式就是集成。微电子的集成已经发展了半个世纪,趋于完美;但是光电子集成任重道远,硅基集成是重要的发展方向。

现在集成的单元器件已经有许多了,比如无源的器件有 AWG、可调延迟线阵列、可调衰减器阵列等;有源的器件有调制器、探测器阵列、光波导放大器、飞秒脉冲激光器等。进一步地,我们做些小规模的集成化光采样单元,再做光采样集成模块,即光源+集成化光采样单元。我们希望能做片上 ADC 系统,最终光量化也能在芯片上完成,做成全光的 ADC 芯片。我们最近的一个工作是用薄硅波导技术降低波导损耗,做了一个大范围可调的 OTDM 多功能芯片。

5. 总结

本文首先介绍了模拟信号数字化处理的优势，以及ADC原理；然后讨论了香农-奈奎斯特定理的限制和ADC关键技术指标以及应用需求，从而引出电ADC的现状与困境，以及电域广义采样、时域交错和频域交错的概念；又阐述了光ADC发挥的光子学优势，具有极大的带宽，能实现远距离传输、远端处理，光ADC能够很好地突破电ADC理论上的极限。

针对飞秒激光器要求高的问题，我们采用WDM、OTDM等方法提高采样脉冲的重复率，或采用时间拉伸技术降低信号带宽用于在后端处理。利用上述各种技术，我们做了光ADC的样机，实现了205 GS/s的采样速率。

最后展望了光ADC的发展。世界范围内，光ADC技术在总体上处于起步阶段，加快步伐开展这项研究工作，能使我国在信息处理技术和尖端装备的开发能力上占据重要战略地位。在开发上，集成化是减小体积走向应用的关键。

（记录人：阮政森　审核：王健）

储涛 1991年毕业于四川大学电路与系统专业。1991—1995年在中国电子科技集团有限公司第43研究所从事军用混合集成电路研制工作；1996—2003年在日本京都工艺纤维大学学习和工作，获工学硕士(2001)和工学博士(2002)学位；2001—2003年任日本学术振兴会(JSPS)研究员；2003—2009年任日本光产业技术振兴协会(OITDA)研究员；2003—2007年兼任东京大学先端科学技术研究中心研究员；2006—2011年任日本电气株式会社(NEC)硅光研究部主任、主任研究员；2009—2011年任日本国家产业技术综合研究所(AIST)纳米器件中心主任研究员、总括主管；2011—2016年在中国科学院半导体研究所工作，任中国科学院特聘研究员、中国科学院大学教授；2017年1月起任浙江大学信息与电子工程学院微电子学院教授。自2003年起从事光子晶体、硅基光电器件和半导体光电集成技术研究。回国后主要成果包括最快60 GS/s硅基电光调制器(2013)、性能最优AWG(2014)、最低插损EDG(2015)、最大规模硅基32×32高速电光开关阵列和64×64热光开关阵列(2016)等光子器件及模块。申请中国、美国、日本专利约10项，发表论文80余篇，负责国家重点基础研究发展计划(973计划)、国家重点研发计划、国家自然科学基金重点项目、国家自然科学基金面上项目等国家项目和多家国内外企业的合作项目研究。

第126期

Silicon-based Optoelectronic Integrated Devices

Keywords: silicon photonics, optoelectronic integrated, laser, optical multiplexing, modulator, optical switch

第126期

硅基光电子集成器件

储　涛

1. 光子集成带来的革命与硅光技术的优势、发展和挑战

我们已进入信息社会,在信息社会中,需要完成信息的感知、处理和传输。信息的感知、处理和传输设备是国防装备和信息社会建设的基础。光电子器件是实现信息感知、处理和传输设备的核心硬件。光电子器件在整个信息领域里都有重要应用。在所有通信设备之间,包括局域网、全球互联网,所有信息传输都要用到光电子器件。另外,光电子器件还用在激光陀螺、量子通信、视频处理以及微波信号处理等方面。

信息社会的信息存储和处理主要使用数据中心和高性能计算机,例如天河二号超级计算机的耗电量是 17.6 MW,假如用原来的技术,在 2018 或 2020 年达到原有的 100 倍计算能力,实现 E 级计算,需要消耗的电功率是 2000 MW。10 台这样的超级计算机需要消耗的电量之和就相当于三峡大坝的总发电量。这就是高性能计算机(HPC)发展中面临的功耗墙。数据中心和高性能计算机还存在 CPU 与 CPU、CPU 与存储器之间信息通信速率和存储容量的问题,即存储墙。大规模集成电路管脚有限,存在如何把大量信息从有限数目的管脚送出去的问题,即通信墙。这三个墙是 HPC 和数据中心发展所面临的瓶颈。民用场合,例如 8 K 的 TV 需要的比特率已经达到了 24 Gb/s,这种速度已经是电互连无法实现的,必须用到光传输。我们现在随时随地能使用通信网络,其耗电量是非常大的,网络交换中心单位面积能承受的节点耗电量是有限的。网络节点耗电量的 80%源自光电/电光转换和电交换开关。使用大规模集成电路无法降低电耗,这时候只能通过全光网络实现。集成光子器件将带来网络节点体积的大幅缩小和耗电量 60%的削减。

现在大部分互连还是电互连。电互连的延时很大,功耗大,传送的速率和距离有限。光互连没有这些弱点。对于集成电路制作设计来说,在未来集成电路结构上会有一个光层。集成电路公司也需要具备制造光电器件的能力。光子集成将带来通信网络、数据互连、集成电路的革命。光将无所不在。

用到光,就一定会用到光电子器件。器件的革命一般来自材料,系统的革命一般来

自器件。光电子器件一直无法实现大规模集成，主要是材料的问题。光电子芯片在传统上存在两种平台，PLC平台和InP平台。PLC用于做无源器件，如AWG、Switch、Splitter等，损耗比较小，但体积比较大；InP用于做有源器件，如激光器、探测器、调制器等，也可以做无源器件，但是加工水平比较低、基板成本比较高。这两种器件不在同一材料平台，很难集成。另一方面所有光电子器件在整个信息器件基础领域的定位不是独立的，它一般是和电子器件共同存在的，受电子器件控制，为电子器件提供信号。大部分电子器件基于硅平台，把三种不同材料平台的器件集成到一起非常困难。

20世纪70年代末80年代初，首次提出硅光集成，其在2004年得到了飞快的发展。硅基光子学最大的优势在于SOI上的硅层可以拿来做CMOS集成电路，也可以做光波导、调制器，或者各种各样的分光器，集成Ge材料还能做探测器，甚至最近也出现了Ge激光器研究。硅光平台，可以集成大部分的光电器件，将在未来的光电子器件中逐步占据主导位置。硅光平台目前还是基于绝缘体上的Si，但其上面还可以集成各种材料体系如SiN、InP、Ge等其他波导，是包容性的平台。硅光平台本身的优势还在于集成密度高(波导弯曲半径5 μm，器件体积是PLC器件的千分之一)、集成功能高(可与CMOS电路实现光电子器件单片集成)、波导损耗低(小于1 dB/cm，由于体积小，器件插损很小)、加工水平高(CMOS工艺成熟，波导侧面粗糙度可降低到2 nm)、器件成本低(可用12英寸晶圆，器件成本可降到InP器件的1/200以下)、基板成本低(12英寸SOI晶圆单价可降到400美元/枚以下)、驱动功耗低(热光等效应强，热光开关功耗是PLC开关的1/300)、温控功耗低(器件体积小，温控功耗可成百倍地降低)、可靠性及稳定性高(全固态集成，除LD混合组装外，其他器件全芯片集成)、器件功能多(非线性效应强，可实现波长转换等功能)。

硅光器件的未来市场非常庞大，2016年上半年，国内光器件市场规模达130亿元，全球市场达320亿元，各国都设立了许多国家级项目。如美国2015年成立集成光子制造创新机构(制造业国家创新网络之一，投资6.1亿美元)，日本提出战略立国项目一期最先端开发支援计划——光电子融合系统基盘技术开发项目以及超低消费电力型光电子组装系统技术开发项目(每10年投资3亿美元)，欧洲实施"地平线2020"(HORIZON 2020)计划集成光子项目(投资1.5亿欧元)，我国硅光器件研究在"十三五"光电子重点研发计划中占主要部分。国内外许多大学、政府、研究机构以及公司都聚焦到了硅光研究上。

我们组的科研目标定位于在基础研究与企业需求之间搭建起桥梁，致力于把基础研究的成果带到应用研究中形成样品，供企业选择，然后把企业的需求带回基础研究，攻克一些难关。经过这些年的研究，我们已经建立起强大的团队，能在基础研究和应用研究两者之间快速转换。我们研究组的方针是面向实用、自主创新、技术全面、追求极致。目前我们已完成或在研究的项目有HPC用光互连芯片(科技部973计划)、硅基波长可调激光器(基金面上项目)、百端口低损耗高速光开关(基金重点项目)、无源光电子器件(国家重点研发计划子课题)、NEC-PETRA 封装光子器件项目、中兴通讯硅基 BOSA 项目、华为集成光子器件项目、海信无源光子器件项目、海信有源光子器件项目等。

2. 激光器混合集成相关技术

硅基激光器有几种发展方式,一种是材料集成,一种是器件集成。材料集成包括 wafer bonding 和异质生长。异质生长首先是在硅上形成三五族材料,然后才能制作器件,要求 CMOS 线性兼容三五族材料。很多企业没有这样的条件,并且材料集成存在散热和可靠性问题,发展受到限制。混合组装主要解决的是工程实用的问题。这种做法把两种材料体系分别做最好的优化,以自己最好的形象表现出来,混合组装到单芯片上,可靠性较好。激光器通过硅芯片散热,这是常规做法,工艺比较成熟,可靠性有保证,成本低。UCSB 在 2014 年做了一个三五族异质材料集成激光器,发表在 ECOC 会议上,输出功率达到了 176 mW,经过了 1000 多个小时的可靠性测试;UCSB 在前几年也为 Intel 做了 wafer bonding 激光器。这两项技术非常新颖,值得研究。2015 年 NEC 提出了一款波长可调激光器,输出功率达 100 mW,集成方式是混合集成,封装、性能都非常接近于产品。这项技术最早来源于我们在 2009 年的工作。2009 年,我们利用 NEC 的高精度无源键合机器做了最早的硅基激光器,用一个半导体光放大器,通过无源键合方式与硅波导做高精度耦合,利用两个硅波导微环提供外腔振荡,这样形成一个波长可调激光器。通过改变半导体光放大器,分别可实现 C 和 L 波段的波长可调激射,输出功率可达十几毫瓦,波长可调范围达 100 nm,我们也做了封装。该激光器的批量生产性非常好,bonding 机器键合只需要几十秒。NEC 的无源对准机器是产业线标准级的,有 10 多年的积淀,对准精度可达 200 nm。回国后我们也研制了一台对准键合机器,对准精度在 500 nm,耦合损耗可做到 1.1～3 dB,输出功率大于 4.2 mW。用这个机器我们突破了 CMOS 工艺的限制,将激光器 bonding 到 CMOS 芯片上。微组装和 wafer bonding 是目前激光器集成的主流方向,异质生长则是非常好的未来研究方向。

3. 硅基调制器、波长复用、滤波器、模式复用、偏振控制等相关技术

我们对于调制器的研究从 2011 年就开始了,起初借助于中国科学院半导体研究所原来的工作,2013 年我们另起炉灶,从国外引进设计技术,重新开始。2014 年我们用 MPW 工艺做调制器,做到了 60 Gb/s 的速率。为了适应远程通信,我们也做了高消光比的调制器;为了走向实用化,我们在封装上下了很大功夫,和中国电子科技集团有限公司合作,封装之后,把 30 GHz 的电信号馈送进去,使调制器在 40 Gb/s 速率下仍可以工作。封装难度主要是射频信号馈入问题。

面对现在的无线通信,我们做了模拟调制器研究。现在我们单端器件的无杂散动态范围(SFDR)可以做到 114 dB/Hz$^{2/3}$,双端 116 dB/Hz$^{2/3}$,都达到了国际上相当好的水平。

目前性能好的 AWG 工作基本上都需要做套刻，工艺复杂度高，我们做的偏振无关的 AWG，优化了罗兰圆和波导连接 taper，只需一次刻蚀，插入损耗最小可达2.4 dB，3 dB 带宽 2.2 nm，FSR 有 25.6 nm，串扰 17.6～25.1 dB，是当时世界上最好的 AWG。半年之后韩国人做了一个更好的 AWG，插入损耗低至 0.63 dB。数据中心中更多的用 CWDM，不需要那么多信道数的 AWG，EDG 更为实用，只要四个信道就够了。传统 EDG 的损耗在 3 dB 左右，我们改变了 EDG 仿真设计方法，现在很容易做到 1.5 dB 左右的损耗，插损降低了一半。

我们也做了各种各样的滤波器，例如 TE0、TE1、TE2、TE3 的模式复用解复用器，带宽做到 100 nm，消光比大于 23 dB，插损 1.3 dB。我们还做了偏振器件。偏振无关很重要，但是偏振无关器件很难做，较容易的方法是偏振分离。结合偏振旋转，这种偏振分离方法的效果很好。

4. 光开关相关技术

光开关有很多种，如 MEMS、PLZT 波导的，石英波导的，磷化铟的，硅光的等。硅光无论是从速度、大小、消光比、功耗来看都是很好的选择，并且 CMOS 兼容，成本很低。大规模光开关的网络结构有 split-select、cross-bar、mesh、benes 四种。我们以 128×128 为例，benes 网络只需要 832 个单元，这与其他三种有数量级上的差异，benes 网络极具优势。在路由算法方面，benes 网络不是那么简单；但是在控制电路方面，benes 网络是很简单的。如果中间发生错误，从回避风险的角度来说，split-select 和 mesh 网络是无法回避的，而 benes 和 cross-bar 网络是可回避的。从大小和功耗来说，benes 网络都是最好的。我们国家以及世界上其他国家硅光开关的研究，到 4×4 以后就没有重排无阻塞的光开关。但是我们的课题是 16×16 的光开关，必须要在这方面做突破。CMOS 工艺的偏差会导致开关单元的串扰混合在整个网络中，无法分离，无法从阵列输出得知单元是否工作在最佳状态。为了克服这种串扰，我们提出利用 benes 网络互补探测网络，输入级单元的串扰光总能被上下两个互补监测点探测到，一层一层互补下去，能对所有端口进行互补探测。有了这种测试方法之后，我们做了 64×64 的 non-blocking 热光开关，并对每个端口测试，串扰达到了30 dB以上。和国内外其他同类项目比较，我们做的规模最大。电光开关，我们做了 32×32 的，网络层面上都是一样的，电光速率比热光高很多，串扰达到 19.2 dB。但是我们做的光开关损耗都在 12 dB 以上，没有优化到最好，在损耗方面上海交通大学做的光开关较好。

硅光走向实用化的一个极大的瓶颈是如何与光纤耦合，一个重要的办法是垂直耦合，我们做与单模光纤的 1310 nm 耦合，达到了 IME 水平的 2.0 dB，在 1550 nm 波长，用电子束曝光的样品的耦合损耗为 0.87 dB，但这种没法在 180 nm CMOS 线上做，在 CMOS 线上做的一般大于 2 dB。多模光纤耦合，我们最好做到 1.4 dB。接收端我们一般用偏振分离光栅，在 1310 nm 处耦合损耗做到了 3.3 dB，采用聚焦光栅我们在 1550

nm 处做到了 2.9 dB。我们一直追求的是端面耦合,比较适用于传统的封装方式,尽管我们可以做到耦合损耗在 1 dB 以下,但是用 CMOS 工艺做的效果不好。有一种好的解决方案是 IBM 用超材料做的方案,把光斑扩大到 8 或 9 μm 与单模光纤进行耦合。

我们还做了一分二 MMI、二分二 MMI、光学结、功分器,等等。探测器做得也还不错,暗电流 0.1 μA,响应度在 1.5 V 偏压下有 1.25 A/W,带宽在 4 V 下有 24 GHz。

5. 总结

本文首先介绍了光电器件在信息领域中的地位,光子集成带来的通讯网络、数据互连、集成电路革命,硅光技术相较于 PLC、InP 平台的优势,硅光市场发展预测,我国以及世界 Si-EPIC 的发展状况。在这一背景下,我们 EPIC 组的追求是在基础研究与企业需求之间搭建起桥梁。

在硅基光器件的方方面面,我们都做了很多工作。例如,激光器集成方面,我们做了半导体激光器的微组装,实现了硅基波长可调激光器;在数字硅基调制器方面,我们做了 60 G 的调制器;在模拟硅基调制器方面,我们的器件性能也很不错。我们还做了波长复用解复用器、硅基滤波器、模式复用解复用器、偏振控制器等。我们做了 64×64 热光开关、32×32 电光开关,利用 benes 网络做了大规模的互补探测,用于光开关的大规模扩展。在耦合器方面,我们做的器件性能也都很不错。我们一直致力于优化器件性能,做开创性工作,回应国家产业需求。

(记录人:阮政森　审核:王健)

李宝军 暨南大学教授、校学术委员会委员、纳米光子学研究院院长，长江学者特聘教授，国家杰出青年科学基金、全国五一劳动奖章获得者，全国优秀科技工作者，国家有突出贡献中青年专家，国家百千万人才工程人选，教育部创新团队带头人。现任中国光学学会理事、光电技术专业委员会副主任，广东省光学学会理事长，广东省学位委员会光学工程学科评议组召集人等。长期从事光学与光学工程领域的前沿研究，在光子器件新材料、新机理、新结构、新技术等方面做出了系统、创造性贡献。曾获国家自然科学奖二等奖（排名第一）。

第127期

Optical Trapping and Optical Manipulation Using Fiber Probes

Keywords: fiber probers, microparticles, optical manipulation, biological cells

第127期

基于光纤探针的光捕获与光操控

李宝军

1. 光学操控简介

1)光镊的发展历程

"光学操控"常被称为"光镊",它的发展历史可以追溯到20世纪。1970年,贝尔实验室的Arthur Ashkin首次发现了光的梯度力和散射力可以应用到微粒的操控中,Arthur Ashkin也因此被称为光镊之父。经过多年的发展,光镊的种类和作用越来越多,研究热潮也随之而来。2003年发表在*Nature*杂志上的一篇综述直接详细地介绍了光镊的进展,并指出了光镊的诸多优点和应用:光镊能操控几十纳米到几十微米尺寸的微粒,是很多研究领域重要的工具,在诸如生物学、物理化学和凝聚态物理等领域都有重要的应用价值。光镊能给基础和应用研究带来新的机遇。2011年*Nature Photonics*上的一篇文章进一步指出,光镊是一种非接触的操控,可以操控生物材料。光镊由简单地捕获单个微粒,发展到可以进行更复杂的操作,例如利用螺旋光束,光镊可以使微粒绕光轴旋转,光镊还可以操纵微粒使其有规则地排列。

2)研究重点

我们的研究重点是微粒的无伤无接触精准操控、微粒(包括生物细胞)的筛选和精准提取。传统的光镊系统复杂,零部件多,使用物镜聚焦捕获微粒,聚焦的光很难深入到生物组织中,限制了其在生物方面的应用。微流控芯片虽然可以筛选细胞,但是制作起来比较复杂。我们注意到光纤具有很多优点,例如优良的导光性,它可以将光方便地引导到我们想要的位置,本身又十分柔软。

3)光纤光镊操控分类

使用光纤操控微粒按照原理的不同可以分为两类,即光热操控和光力操控。

光热操控是指利用光泳现象和温度梯度力操控微粒。温度梯度会引起液体的流动,进而带动液体中分散的微粒移动,由此可以大范围操控微粒,但是这种方法无法精准操控单个微粒,不能用于细胞的单个操控。利用光泳结合微小的光纤结构,可以实现微粒的操控。光泳又有两种,正向光泳和逆向光泳。如果微粒对光不透明,入射到微粒表面的光将被吸收并产生热量,使旁边的液体温度升高,则微粒会朝着远离光源的方向

移动，这就是正向光泳；如果微粒对光是透明的，光会经微粒透射，球形微粒相当于一个透镜，经过微粒后的光会聚焦，相比入射处光能量分布更集中，所以远离光源的微粒的一侧局部温度升高更快，驱使微粒朝着接近光源的方向移动，这种现象就属于逆向光泳。这两种光泳现象都可以操控微粒。但是光泳现象也会对旁边的其他微粒产生影响，并不能十分精准地提取和操控单个微粒，例如生物细胞。

光力操控是指利用光梯度力和散射力操控微粒。梯度力可以使微粒被捕获在光轴上，散射力会驱使微粒沿光轴移动，根据梯度力和散射力的大小关系，可以实现微粒远离或接近光源的操控。

这两种操控方式对激光波长的选择有所区别。对于光热操控，1550 nm 的激光是最佳选择，原因是水对此波段光的吸收很强，而水又是大多数微粒的周围介质，温度效应显著。对于使用光力进行精准操控和无伤操控细胞的情形，使用 980 nm 的光是最优的，因为细胞中水的比例最大，同时水对 980 nm 的光吸收很弱，对细胞的损伤也就非常小，可以无伤精准操控单个或几个细胞。

2. 多微粒操控

我们对多微粒的操控方式正是基于光泳现象，使用的光波长是 1550 nm，被操控的微粒是 2 μm 的二氧化硅颗粒。这种操控方式可以同时操控很多微粒，对微粒也无特异性。这种多微粒操控可以应用到生物医学、高纯水获取等方面。例如将光纤移动到皮肤表面，使光入射到血管中，移动光纤，被操控的微粒也将移动，可用来打通血栓，治疗血管疾病；这种用光热大量操控微粒的方式，也可以用来杀死病毒或细菌，并同时移动这些物质；实验中我们还观察到大小不同的微粒运动速度不同，大的微粒运动速度比小的微粒快，所以可以用来筛选尺寸不同的微粒，例如对细胞和病毒进行筛选，以应用到医疗领域。

3. 精准操控

对细胞等微粒进行精准操控使用的是光力原理，使用的激光波长是 980 nm。

1）单个微粒的操控

我们制作了光纤探针来精准操控细胞。细胞会随着光纤的移动而移动，所以可将细胞移动到特定位置，然后关闭光源将细胞放下，重复这种操作，就可以用细胞组装形成各种图案。同时，也可以使细胞相互靠近，研究细胞间的相互作用，应用很广泛。

2）几个微粒的操控

同样使用光纤探针，我们发现不仅可以操控单个微粒，还可以操控微粒串。经光纤探针发出的光可以沿着轴向的微粒传输，所以可以使几个微粒沿光轴整齐排列，这样就可以同时操控几个微粒。操控微粒的数目可以从几个到几十个不等，具体数目取决于研究需求。这种现象的应用范围也很广。透明微粒串整齐排列，可以看作一维周期性波导结构，我们可以从一维拓展到二维或三维，就可以得到二维光子晶体或三维光子晶体。对这些结构进行单个微粒的精准操控，如放入量子点，就可以使这些结构发光。

我们对操控中力的大小等物理量进行了详细的计算,分析了不同结构、不同功率的光纤探针对光力的影响,其中包括对与光纤探针不同距离微粒的光力进行了计算。详细的结果可以参考我们的相关文章,此处不再赘述。

3)细胞操控

(1)大肠杆菌的操控

我们制作了锥形的光纤探针,探针的锥角很大,所以在探针尖端附近光场的梯度力也较大。被操控的是棒状的大肠杆菌。当光纤探针靠近大肠杆菌时,由于光力的作用,大肠杆菌会朝着探针移动,最后被捕获在探针尖端处,同时大肠杆菌的中心轴自动和光轴重合。和前面的微粒串类似,被捕获的细胞类似波导,可以将光传导,从细胞出射的光又可以捕获新的细胞,这样几个大肠杆菌就会被串起来。我们将这种波导称为生物波导。考虑到大肠杆菌的尺寸为 500 nm,所以也可以称为纳米生物波导。此处用的是 980 nm 的光,为了使这种生物波导被更清楚直观地观测到,我们通入可见光进行了验证。

(2)不同种类细胞的排列

我们还将大肠杆菌和植物细胞(小球藻)相间地周期排列,这种实验可以用以研究细胞生物信号的探测和细胞间的信息交流。

(3)细胞和微粒的分离

我们发现这种光纤探针还可以应用到不同物质的分离中。实验中我们使用了尺寸为 5 μm 的小球藻、3 μm 的小球藻和 5 μm 的 PMMA(聚甲基丙烯酸甲酯),可以观察到同种类的微粒聚集在一起时,即使是同一种物质,大小不同也会被分开。这一现象在物质分离中有重要应用。

(4)多微粒串的操控

我们发现如果探针拉制的时候非均匀变化,有一些突变,有可能会沿轴向对称地射出三束光,可以同时操控三个微粒串,所以可以称之为一分三的生物分束器。

4)碳纳米管的操控

我们制作了另一种光纤探针用以操控碳纳米管。这种光纤探针的尖端直径仅为 200 nm。我们操控的碳纳米管外径是 50 nm,长度 0.9 μm。在光纤探针出射光的作用下,碳纳米管可以自动旋转到沿光纤轴取向而且可以随着光纤的移动而移动到想要的位置。除了碳纳米管,银纳米线也可以被灵活操控,这些物质都是纳米光子集成的基本单元,所以可以应用到纳米光子集成组装中。

5)纳米微粒操控

前面所操控的微粒的尺寸都在微米量级,为了操控纳米级别的微粒,我们又提出了新的光纤探针结构。因为纳米颗粒的尺寸小于光波长,所以需要使用近场光突破衍射极限,进而达到操控纳米颗粒的目的。在光纤探针尖端我们加了一个微透镜,这样就可以突破衍射极限。我们在实验中操控了 85 nm 的微粒和 DNA 质体。这种光纤探针对纳米颗粒的操控在纳米结构组装、生物传感和单分子生物研究中都有重要应用。

为了观测被操控的纳米颗粒,我们选择了一种荧光物质,它在 980 nm 光的照射下

会发出绿色的荧光，荧光可以被实时探测。将这种物质用到生物物质的标记中，可用于病毒的操控。

6)双光纤探针操控

双光纤探针相比单光纤探针的功能更加强大。我们首先操控了红细胞。红细胞两侧分别使用一个光纤探针操控，由于光纤探针对细胞的力均为朝探针方向，所以细胞会被拉伸，功率足够大的情况下，细胞会被拉破。此实验可以用于对细胞特性的研究。

我们还使用一个探针捕获一个细胞串，即沿探针轴的方向有几个细胞同时被捕获。这时，我们把另一个探针移过来，通入更高功率的激光，细胞串上的一个细胞就被该探针捕获，移动该探针就可以使该细胞移动，所以可以改变细胞的排列顺序和实现某个细胞的移除。

4. 总结

本文首先介绍了光镊的发展历程，考虑到与生命科学的结合等因素，我们将研究重点集中在对细胞的操控上，而且要灵活方便地操控，所以我们基于光纤探针，开发了一系列能够灵活操控微粒和细胞的光纤光镊。

我们不仅能够依靠光泳现象操控大规模微粒群，还可以基于光力灵活操控单个或几个微粒，这些操控在很多方面都有重要应用。大规模的操控可以用来治疗血栓或获取注射用的高纯水；精准操控单个或几个微粒在结构组装、微粒分类筛选等方向有广泛应用。我们还依靠一种特殊结构的光纤探针，使用近场光，突破衍射极限，操控了几十纳米量级的微粒，展现了光纤探针的强大操控能力；如果使用荧光物质，就可以实现对DNA等生物物质的标记，达到操控的同时实时观测被操控对象的位置，这给医疗领域带来了新的工具。最后我们又使用双光纤探针，进行了一些更加复杂的操控，如改变细胞的排列顺序和对某个细胞的移除。

在文中，我们将被操控的细胞串称为生物光波导，能够将激光通过细胞导入到生物组织中，给研究细胞提供了新思路。

综上，我们的光纤探针可以灵活操控微粒，尤其是细胞，而且所用的激光功率比其他类型光镊小。未来我们将继续研究光纤探针对细胞的操控，重点是细胞之间的相互作用以及激光对细胞寿命的影响。

（记录人：王红亚　审核：王健）

Rafael Piestun 在以色列理工学院获得电气工程硕士和博士学位，1998—2000年，在斯坦福大学做博士后，2001年至今，在科罗拉多大学博尔德分校电气、计算机与能源工程系以及物理系开展研究，2010年，升任正教授。Piestun教授是OSA会士，*Optics and Photonics News* 期刊编委会成员，*Applied Optics* 期刊副主编，NSF-IGERT项目首席研究员，NSF-STROBE中心共同首席研究员。研究兴趣包括计算光学成像、超分辨成像、容积光子器件、散射光学和超快光学。

第128期

Overcoming Diffraction and Multiple-scattering Limitations in Optical Imaging

Keywords: super-resolution imaging, scattering media, computational imaging

打破光学成像的衍射和多散射极限

Rafael Piestun

1. 超分辨定位成像

光学显微成像技术是当代生物医学等研究领域十分重要的研究技术之一。它可以将微小的细胞、组织放大到可以观察的水平,从而帮助科学研究者们解决很多难题。但是,光学显微成像的放大倍数并不是无限的。1873 年,德国著名物理学家阿贝提出,由于受到光学衍射现象的限制,光学系统的分辨率存在一定极限。由阿贝的分辨率极限公式进行估算,对于一般的光学显微镜而言,其分辨率只能达到 200 nm 左右,也就是说,如果两个点的距离在 200 nm 以内,使用光学显微镜将只能看到一个点,无法进行区分。这就使得光学显微镜一直无法用于观测蛋白质等亚细胞层次的生物结构,而这也一定程度上限制了生物医学等领域的研究与发展。

长期以来,研究者们一直尝试着从图像解析等方面打破分辨率限制,但是收效甚微。1994 年,德国科学家斯蒂芬·赫尔依据爱因斯坦的受激辐射理论发明出受激发射损耗显微技术,使光学显微成像技术的分辨率达到几十纳米级,这才真正打破了衍射极限对光学显微成像的限制。这项技术与后来埃里克·白兹格等人发明的单分子定位成像技术、古斯塔夫松等人发明的结构光照明显微成像技术统称为超分辨光学成像技术。超分辨光学成像是 21 世纪光学成像领域的重大突破之一,为生命科学的研究带来了新的可能。2014 年,超分辨光学成像技术的主要发明者埃里克·白兹格、斯蒂芬·赫尔以及威廉姆·艾斯科·莫尔纳尔三人被授予了诺贝尔化学奖,这也足以看出该技术在科学界的地位。

超分辨定位成像技术最早发明于 2006 年,它是光激活定位显微术、随机光学重建显微术等同类光学显微成像技术的统称。该技术主要通过使相隔很近的分子出现在不同的图像中这一策略来实现超分辨成像。该技术具体流程如下:首先使用可控制开关的荧光蛋白等标记物标记某种类型的生物分子;然后使用短波长的激活光激活少量的稀疏分布的标记物,使其处于可发光状态;再使用长波长的激发光诱导被激活的标记物发光,直到所有被激活的标记物全都发完光、被漂白为止;在标记物陆续发光时,对生物

样本进行成像即可得到多张包含有若干个稀疏分布的分子的图像；再通过不断重复“激发—激活—成像—漂白”这一过程，使所有的标记物都发几次光，即可得到很多张包含所有标记物位置信息的稀疏分布的发光标记物的图像；最后通过计算图像依次确定每个发光分子的位置，并将这些发光分子的位置信息整合到一张图像上，而这张图像的分辨率不再与光学系统的分辨率相关，而是与每个分子的定位精度相关，因而这张最后得到的图像突破了光学衍射极限。

超分辨定位成像技术能够突破光学衍射极限的关键在于精确确定每个发光分子的位置。每个分子的定位精度一定程度上决定了超分辨定位成像技术最终的分辨率。如果能精确确定每个分子的三维空间位置信息，则可以实现三维超分辨定位成像。当分子处于显微镜物方焦平面时，它在成像面所成的像会是一个圆对称分布的艾里斑，通过高斯拟合、质心法等方法可以轻松地确定这个艾里斑的中心，这样也就得到了分子的二维位置信息。但如果这个物点不在焦平面上，它在成像面所成的像会是一个模糊的艾里斑。虽然这依旧是一个圆对称的图像，通过算法依然可以很容易地得到分子在与焦平面平行的两个方向上的位置信息；但是由于受到随机噪声、背景杂散光等因素的影响，要想从图像中解析出每个分子在与焦平面垂直的深度这一方向上的位置信息却很难。

为解决三维超分辨定位成像的问题，庄小威等人在2006年提出了使用柱面镜调制艾里斑的方法。这种方法主要通过在超分辨定位成像显微系统的探测端增加一个柱面镜，从而使单个分子在成像平面上不再是圆对称的艾里斑，而变为随分子深度位置变化而变化的椭圆光斑，通过确定椭圆的轴长即可得到分子在三维空间上的位置信息。这种方法十分简易，只需要在成像系统的探测端简单增加一个柱面镜，但该方法对分子的定位精度较低，且在深度上成像范围也较小，因而还有提升空间。

为解决以上缺陷，我们将双螺旋编码技术应用于超分辨定位显微成像技术中，最终在深度方向上不仅实现了高精度定位，而且还实现了大范围定位。双螺旋编码技术最早应用于单分子追踪成像中，该方法主要通过在超分辨定位系统的探测端的傅里叶面上添加一个相位调制装置（如相位板、空间光调制器等），使原有的艾里斑变成两个对称分布的点，这对点的中心位置就是样本内的发光分子在与焦平面平行的两个方向上的位置，而这两个点的角度信息包含了原分子在与成像平面垂直的方向上的深度信息，即两个分子每围绕中心点旋转1°，代表物方分子在成像深度上位移了35 nm。使用最大似然法等算法处理图像后，即可精确定位出每个分子的三维空间位置信息。这种方法在分子发光强度为1100个光子时在三个方向上可以实现的定位精度分别为22 nm、29 nm、52 nm；而对于发光强度为6000个光子的单个分子，其定位精度分别可达到6 nm、9 nm、39 nm。此外，该方法的深度定位范围可达到1～2 μm，可以很好地结合光片照明等技术，实现大范围的超分辨定位成像技术。

与其他常用的三维超分辨定位成像技术相比，双螺旋编码技术具有可设计范围广、受背景光影响小的优势。由于相位调制装置上的调制图像是由若干个原函数按一定比例相加得到的,通过改变函数的叠加比例即可得到不同的调制图案,而不同的调制图案在成像深度、定位精度、波长分辨等方面具有独特的优势,这样就可以根据实验的具体需求设计调制图案。此外,由于该技术编码得到的双螺旋图案并不会随着分子深度方向位置变化而明显发散,这使该方法调制得到的图案不会淹没在背景噪声之中,因而可以有更多由标记分子发出的光可以被用于确定分子的位置信息,也就提高了定位精度。

在此基础上,我们还针对特定的需求对我们的成像方法做出了一些改进。为提高成像系统的时间分辨率,我们提高了分子的闪烁频率,而这也会增加每张原始图像上的双螺旋图案的个数。当图案较多时,部分图案会重叠在一起,使识别分子的位置信息变得更加困难。我们通过算法解析这些分子的空间与时间上的关系,将这些重叠区域内各个分子进行区分,进而得到每个分子的位置信息。为得到每个分子的角度信息,我们将双螺旋编码技术与偶极子定向评估技术相结合,通过在超分辨定位成像系统的探测端增加偏振分束器,观察双螺旋光斑在不同极化方向上的图案,然后分析出每个分子的朝向。这样在获取了三维位置信息的基础上又获得了二维的方向信息,从而实现了五个维度的超分辨定位成像技术。

2. 强散射介质成像

首先我们来介绍一下浑浊介质的特性。由于浑浊介质的不均匀性,光在这种介质中并不是沿直线传播,而是经过多次散射。散射是指由于碰到不均匀介质,光在传播过程中传播方向发生改变。根据散射光子与入射光子能量是否相同,散射分为弹性散射和非弹性散射。成像中常用到的拉曼散射就属于非弹性散射。而根据粒子尺寸与光波长之间相对大小,散射又可以分为瑞利散射和米氏散射。当粒子的尺寸远小于入射波长时,我们用瑞利散射来描述;而当粒子尺寸与入射波长相接近时,我们用米氏散射来描述该过程。

其次,在光学成像中,由浑浊介质引起的多次散射过程会改变光的传播路径,扭曲波前,从而导致探测器采集的强度图像模糊,甚至扭曲失真。

接下来我们介绍该如何解决这种由浑浊介质散射带来的图像失真问题。总的来说,我们可以通过传输矩阵描述浑浊介质的输入-输出响应关系,也就是浑浊介质的入射波和散射波之间的数学关系,以振幅和相位分布来描述。我们通过确定浑浊介质的传输特性(即传输矩阵),以及探测器记录的强度信息,反过来推测出入射波的波前信息,再通过空间光调制器改变入射波前,使得浑浊介质的输出是我们所期望的分布。

透镜、偏振片等光学元件用于改变光的传播,而这些元件所带来的光波前的转换可以简单直接地用传输矩阵来描述。传输矩阵用于描述显微系统中复杂光学系统的光的传输。这些复杂系统包括一层不透明材料,如颜料等。光在其中会发生强烈散射。用于描述这个散射过程的传输矩阵包含大量单元。2010 年,来自巴黎郎之万协会的塞巴

斯蒂安·波波夫等人提出了一种用于测量光传输矩阵的实验方法，由此测量得到的传输矩阵能够使我们更深入地研究传输性质，从而我们对穿过复杂光学系统的光的传输有更深入的理解。

第一眼看上去，纸张、颜料，以及生物组织这样的不透明浑浊材料与透镜或其他透明的光学元件截然不同。在浑浊介质中由于多次散射，波前中所包含的信息似乎丢失了。一种扩散理论很好地描述了在这种材料中光的传输，该理论抛弃了相位信息，仅保留了光的强度信息。但多年前的研究通过观察在扩散样品中微弱光子定位就发现相位信息和浑浊介质之间有极强的相关性。甚至在极长光程的情况下，都会在后散射方向上有明显的干涉现象。几乎所有多散射系统中都可以观察到这种干涉。在合适的安德森局域情况下，这种干涉和极强的散射结合甚至会阻隔光的扩散。由于即使经过上千次的散射，光波也会保持共振的性质，光透过浑浊介质的传播并不是耗散的，而是保持含有大量信息的共振。一束传输中的单色光由它的波前形状决定特性。通过选择合适的基准，样品上的波前能够被分解为几个正交模式。由于只需要考虑传播中的波，所以模式的数目是有限的，并且这些模式组成了传输矩阵。样品的传输矩阵描述了对于每个输入和输出模式的传输场。从这个理论出发，我们可以得出以下结论，传输矩阵能有效地描述光或其他形式的波的传输过程。

在介观传输理论的框架中，我们能够了解传输矩阵更深入的性质。由于维度数目众多，传输矩阵在实验中的作用并不明显。传输矩阵是一个 $N\times N$ 的复数矩阵，其中，N 代表输入光场(或输出光场)与样品相耦合的模式数目。每一个输入模式与一个离散的输入角度相对应。可分解的离散角度数目是 N，与 A 成正比，与波长成反比，且系数是两倍的圆周率。其中，A 是照亮的表面积，系数 2 是由于两个正交偏振。因此，1 mm^2 的样品大概有一百万个横向光模式。在塞巴斯蒂安·波波夫等人提出实验测量方法之前，测量大量的单元数目矩阵是没有办法完成的。而现在，数字成像技术的发展使得我们能够测量并计算数目如此巨大的数据。尤其是，空间光调制器的诞生开启了光学领域的数字革命，这也正是塞巴斯蒂安·波波夫等人提出的实验测量方法的核心。空间光调制器中包含多个电脑控制的单元，每个单元对应一个像素，这些像素组成一个二维矩阵，形成了波前。

塞巴斯蒂安·波波夫等人提出的实验测量方法利用空间光调制器精确控制单色激光光束的波前，从而解析出浑浊介质的不同输入模式。他们巧妙地使用一部分输出光作为相位参照，再用一个 16×16 的二维 CCD 矩阵采集强度和相位信息。这种并行采集使得使用者在仅仅 162 个步骤中就测量了传输矩阵的 164 个单元。他们的方法实现了将样品转化为一个聚焦和探测元件，使我们加深了对于光通过浑浊介质传播特性的理解，能够像他们在文中展示的那样控制光的传播。为了操纵光聚焦，他们使用了传输矩阵的信息来构建波前，从而在被样品散射后还能形成强聚焦的光束。对比于第一代的不透明透镜实验，由于用来在任意位置产生聚焦的数据已经在传输矩阵中，所以他们的方法更加灵活。为了探测放置在散射样品前的物体,他们对比了传输场和在传输矩阵中储存的信息。

研究表明,上述方式可以有效地校正浑浊介质引入的光散射效应,一方面可以通过控制波前,消除上述散射效应的影响,会聚得到比衍射极限更加精细的光束;另一方面,可以消除波前的扭曲引起的光学系统图像质量降低的影响。

2012年唐纳德·康基等人提出了适用于透过浑浊介质聚焦的遗传算法。这种算法利用自然法则能够逐渐进化到最优解,非常适合大规模非线性优化问题。同年他们又提出了一种无须重建的透过强散射介质的多色图像投影技术。随后,他们又提出了透过动态散射介质聚焦的方法,利用一个反射性的10×20阵列的微透镜阵列空间光调制器在时间和空间上改变入射波的相位分布,从而提高了透过动态散射介质的光强度。随后他们又提出了一种高速的透过强散射介质聚焦的方法。

(记录人:王钰洁　张肇宁　审核:黄振立)

纪越峰 北京邮电大学信息光子学与光通信研究院执行院长，信息光子学与光通信国家重点实验室常务副主任，国务院学位委员会学科评议组成员，国家杰出青年科学基金获得者，国家级教学名师，国家重点基础研究发展计划(973 计划)项目首席科学家，国家高技术研究发展计划(863 计划)项目首席专家，国家级“新世纪百千万人才工程”人选。主要教学工作与科研方向是宽带网络与光波技术。研究成果曾获国家技术发明奖、国家科技进步奖、国家级教学成果奖等奖项。

第129期

Flexible Control Technology in Optical Networks

Keywords: optical networks, flexible control technology, high-capacity, radio over fiber access networks, datacenter

第129期

光网络灵活控制技术

纪越峰

1. 光网络驱动力与灵活控制

光网络技术是新一代信息产业技术的重要研究方向与应用内容之一，也是宽带网、云计算和大数据等产业的底层基础设施。在发展过程中，光网络经历了从波长路由固定栅格光网络到频谱路由灵活栅格光网络的不同阶段，目前光网络正面临着大容量、高灵活、低能耗三方面的挑战，而缺乏灵活性是制约光网络发展的重要瓶颈之一。只有光网络高度灵活，才能更好地发挥出大容量和低能耗的重大应用价值。

长期以来，光网络作为底层基础设施，应用主要以静态、可靠型传送管道为主，缺乏动态灵活性。近年来数据业务量的快速增长以及业务类型的动态变化，特别是数据中心和云业务等的兴起，需要光网络实现大带宽传送以及精细化处理。因此光网络面临着容量提升和智能增强的双重挑战，并逐渐向动态灵活可重构的控制方向演进，其核心是期盼高速宽带光网络能够拥有“智慧”的“大脑”。

光网络为什么要实现灵活控制？主要原因来源于需求，即大规模联网要求光网络具备灵活扩展能力，高突发业务要求光网络具备动态适应能力，以及按需提供带宽要求光网络具备弹性调节能力。

因此灵活、动态、弹性的控制功能是高速宽带光网络发展的主要特征，也是必然选择。

2. 三种光网络形态的控制技术

对于承载业务的光网络来说，目前的业务形态和原来的大不一样。例如，在某一时刻，突然出现大量的业务量需求，如果事先预留资源，则平时流量不多就会造成资源利用率不高；反之如果事先不做准备，突然出现大量业务，又措手不及。高突发的业务需求就需要动态灵活的光网络控制；另外不同方向的业务流也是不平衡的，这也就要求光网络的承载具有动态调整能力。以上所有的需求都是针对网络，每一点又都是由器件来支撑的。例如，对于灵活拓展、弹性的光网络来说，可调谐的激光器、滤波器等是必不

可少的，同时还包括各种各样有源的、无源的器件。对于设备来说，我们希望对底层光设备进行控制，同时兼顾相连接的路由器，实现一个联动的系统。当然，要做到这一点，也是相当有难度的。虽然比较困难，但是目前对于这方面的需求也是比较迫切的。国内国外已经开展了比较深入的研究开发，并达成共识，即灵活、动态、弹性的光网络控制，是光通信发展的必然选择。

以上介绍的是为什么要灵活控制光网络，下面具体介绍接入网、骨干网，以及数据中心怎样进行灵活控制。

1)光载无线接入网控制技术

如今的人机交互非常频繁，各种信息的形态、各种信息的种类的交互，在任意地点、任意时候都需要网络通信，那么概括来说，我们对网络既要求高速宽带，又要求无处不在。在这样的要求下，我们可以发现，在使用某一个单一技术去解决问题的时候都会遇到挑战。比如说微波或移动通信，它的优点是可以在任意地点、任意时间实现泛在应用，可难点问题在于高带宽的提升、基站的建设，等等；另一方面，光通信的好处在于高宽带、高速率，但是不方便，需要一根有线光纤连接。所以可以考虑把这两个结合，光通信主要用来进行传输，到了终端再使用无线微波通信，既实现高宽带大容量，又可以保障可移动、低功耗。还有一个好处是，利用光子技术的优势可完成微波系统中复杂甚至是无法完成的功能，如利用光子技术来实现多频段、多制式微波信号的产生、获取、传输与组网等。通过高效融合可充分发挥无线灵活接入和光纤宽带传输的各自优势。比如超高频微波射频信号的产生，受限于工艺条件和各种各样的设备仪器，在微波领域很难产生这样的信号；然而在光域，可以直接将两个波长的光进行拍频，再把微波滤出来，即可得到一个60 GHz或者更高频率的微波信号。用在传输上，这一技术称为RoF (Radio over Fiber)，其理论基础是微波光子学。而进一步，将灵活调控技术应用到RoF系统中，称之为I-RoF，即智能ROF。I-RoF基于这样一个想法，即利用光纤实现宽带远距离的信息传输，然后通过微波在小范围内实现泛在的低能耗接入，同时利用智能协同技术来控制整个系统。这样做的好处是，可以实现密集的部署，而且光域与微波可以实现资源上的互补和高效利用；另外还可以克服射频覆盖限制，如楼内、室内、地下、隧道等射频难以覆盖的地方；同时远端天线的部分结构也比较简单，具有低功耗、低辐射、低干扰、低成本等优点；整个系统由中心局进行灵活的管控，实现高效、动态的带宽分配。这是我们的一项重大需求，这个需求和我们之前常说的将光纤拉远已经有了本质的区别。这种需求不是简单地将光纤拉远，而是加入了灵活调控，尤其是在中心局处加入了光交换。这时光在光纤里面传输就不是简单地在一个波长上，在中心局可以做调控，处理方面的工作上升到云端，这样就可以实现智能的光载无线ROF。但要做到这一点，概括来说，面临三“高”的科学问题，第一个是微波光波相互作用下的高带宽转换机理，第二个是微波信号光域处理下高精细的调控方法，第三个是微波光波分布环境下高灵活的协同机制。

对于第一点,电光转换器件的主要指标之一是调制带宽,这个与电场和光场的重叠积分因子以及它们的相互作用系数相关。难点在于微波和光频的频差很大,无论是传播速度还是模场尺寸都严重失配,尤其在超高速的情况下,相互作用时间很短,难以实现高频宽带的频率响应。一种解决该问题的核心学术思路与技术途径是,提高有源区内相互作用的强度与速度,获得电场和光场的高度交叠,以及较高的相互作用系数。

对于第二点,主要涉及两个方面。一是非线性(来自调制过程、光纤中传播等因素),这样的非线性尤其对射频的模拟信号影响非常严重,这在很多场合限制了系统的性能;二是微波信号的光域高精细处理,可以把微波的一些处理放在光域上来做,但它们的频域差了 3～5 个量级,所以把这样的一个信号调制在光域上且做全波段处理,这也是非常难的一件事。一种解决这两个问题的核心学术思路与技术途径是,尽量降低或者补偿非线性失真影响,以及实现全频段处理。

对于第三点,高灵活的协调机制一边是微波,一边是光波,由于他们的组网和传输等特征属性有很大的差别,另外各种资源协调也很复杂,所以在大规模的移动天线之间做到时、频、相同步以及多波段高精度的控制,也是相当困难的。一种解决该问题的核心学术思路与技术途径是用软件定义光载无线网络,可以实现灵活组网、微波光域同步与幅相控制协同。举例来说,从无线接入网络演进与发展中的光波技术发挥的作用可见一斑。从分布式无线接入网(D-RAN)、集中式无线接入网(C-RAN)到云无线接入网(C-RAN),再到功能分离无线接入网(FS-RAN)等,无线接入网络结构的变化促使光与无线网络融合演进。

2)超大容量光联网控制技术

对于骨干网来说,现在的流量剧增带来了前所未有的传送压力。由思科提供的数据显示,骨干网每年的流量已经从 2015 年的 4.7 Zettabytes(1 Zettabytes＝10^{21} Bytes)达到了现在的 8.6 Zettabytes,预计到了 2020 年将会达到 15.3 Zettabytes。即使是对于大容量的光网络,如此大的流量也带来了巨大的压力和挑战。所以一方面我们要提高通信容量和速率,另一方面我们也要考虑如何去高效地利用光网络。传统的光网络建设往往采用一刀切模式。首先是超额配置。在建立波长通道时,不能因地制宜根据用户容量的实际要求分配可用的带宽资源,造成波长整体利用率下降。其次是光层带宽不变。波长通道一旦建立,其光层可用带宽是不能动态调整的,从而难以适应业务和网络性能灵活变化的需要。最后是物理属性固定。由于光纤损伤的影响,不同速率、格式的全光信号具有不同传输性能,物理属性固定配置的波长通道无法满足光路重构所引起的传输质量动态可变要求。

这些问题的本质在于传统的刚性通道设置,相应的解决方案就是将刚性通道变为弹性通道。例如,对于波分复用来说,传统的方案是对于不同的波长通道都有固定间隔,现在的技术方案可以考虑将波长间隔作为可编程的,灵活切片,频谱分配量身定做,达到节约带宽和高效利用的目的。对于这样的底层应用设计,相应的灵活控制部分,已

经从自动交换光网络(ASON),发展到路径计算单元(PCE),到软件自定义光网络(SDON),再到自优化光网络(SOON)等。光层智能管控的功能和范畴不断扩大,SOON的相关技术代表了发展趋势。

灵活控制光网络的关键技术主要可以分为四个部分。

(1)可编程光层技术

对于控制平面,在光网络交换层面的控制实现简单的建路和拆路。一般假设前提为"光通道的信号质量都有保障,所有的链路和信道都具有标准的传输特性",但实际中往往并不是如此。因此通过软件定义光学器件使光传输、光交换设备具有了编程能力,以应对各种变化。

(2)多层级联控制器

应用控制器和网络控制器共同构成SDON控制平面,网络控制器负责控制简化的硬件设备,应用控制器负责为上层灵活提供带宽资源,两者协同实现跨层资源优化利用。

(3)光网虚拟化技术

光网虚拟化可实现光传输与光交换资源的充分共享,提升资源利用效率和用户安全性能。

(4)基于人工智能的光网管控

将人工智能技术转嫁至控管层面,优势在于:使网络具备自学习性,根据训练集不断调整自身的参数;使网络具备自组织性,根据学习结果对网络进行非人为干预;使网络具备自编排性,实现光网络资源的智能高效管理。

3)数据中心光网络控制技术

对于数据中心来说,它们之间需要高宽带、高速率、低延时的光互联。同时数据中心互联(DCI)是光网络增长最快的领域之一,随着传统运营商网络重构,DCI的增长将继续加快。光网络在数据中心的联网过程中起到了重要作用,这也对于现在的数据中心光网络提出了新的要求,包括网络管理要集中、高效,组网要高效、灵活,部署和迁移虚拟机要快捷安全,数据中心基础设施要可靠、富有弹性等。

数据中心光网络面临的挑战之一是组网与控制问题。采用统一有效的组网与控制方式,通过对异质资源的统一集成控制,完成数据中心与光网络的高效率异构组网,进而实施对数据中心应用资源与光网络资源的高效管理与利用,以降低服务响应时间与运营维护成本。

数据中心光网络有两种形态。从资源形态的角度看,将接入网、核心网与数据中心等资源,沿东西水平方向进行互联,形成异构资源的组网互联互通,即"heterogeneous-cross-stratum"(异构-跨层)。从流量工程的角度看,将具有小交换粒度的相关实体抽象为高层网络(如IP分组网络),而将大交换粒度的实体抽象成较低层网络(如WDM网络和弹性光网络),形成南北垂直方向的互联和组网,即"multi-layer-carried"(多层-承载),并采用 SDN 技术统一控制。

例如,多层资源的弹性加厚 MSRIR,其架构由 IP 网络资源层、EON 光网络资源层和应用资源层三个层次组成,各个层次分别由光控制器、IP 控制器和应用控制器通过 OpenFlow 协议统一控制。控制器间采用对等控制,各控制器只需要与相邻的控制器进行信息交互,IP 路由器和弹性光设备与控制器进行交互。在边缘光节点故障的情况下,三个控制器之间合作为用户提供恢复连接,以保证端到端的业务 QoS,进而降低服务响应时间与运营维护成本。

3. 未来发展思考与前景展望

未来光通信的发展需要技术融合与开放,将在交叉方向"出彩",如光与无线、光与IP、光与传感、光与终端、光与业务的深度融合。

未来光网络时代的人工智能与认知智能是发展的必然趋势(包括性能监测、异常预警、故障定位、流量预测、资源管理等功能),基于机器学习和大数据分析的杀手级应用也可能会出现。

在光层上实现可编程控制与资源虚拟化仍具有挑战性,如多粒度可重构、灵活业务疏导、自动连接建立、动态资源分配、性能感知可控等,这些将有赖于光芯片与光器件的创新突破。

(记录人:赵一凡　审核:王健)

L. Jay Guo 1999年在密歇根大学开始学术生涯，2011年起担任电子工程与计算机科学系教授，同时受聘于应用物理系、机械工程系和大分子科学与工程系。发表超过200篇期刊论文，被引用超过25000次，拥有近20项美国专利。所在实验室已发表的很多工作被大量媒体报道。曾获得密歇根大学工学院优秀研究奖和电子工程与计算机科学系杰出成就奖。研究方向包括基于聚合物的光子器件与传感器应用、有机与混合光伏、等离子体纳米光子学、纳米压印和卷对卷纳米制造技术等。

第130期

Ultrasound Detection and Imaging Using Microring Resonators and Laser Generated Focused Ultrasound

Keywords：microring resonators，optical detection of ultrasound，THz detection，ultrasound scalpel

第130期

使用微环谐振器和激光产生的超声聚焦的超声检测和成像

L. Jay Guo

1. 微环超声成像原理

超声波在医疗上的应用十分广泛,不管是人体内部成像还是击碎结石,都已经应用了很久。但其本身受限于分辨率,在一些体积比较小的动物(比如小鼠)身上使用时,成像就不够精准。这种成像系统本身既是发射源也是接收源,和雷达的工作原理十分相似,因此体积非常大。而我们所采用的光声成像方案不需要发射,只需要将任意一束光,比如红外光,打到动物体内,只要动物体内有任何物质对光有吸收,这些物质就会有一个热胀冷缩的效应,这种瞬时的热胀冷缩就会产生机械波,其频率比较高,在超声波的范围内,利用一些探测器将超声信号接收,就可以进行成像。光声成像的特性在于,不同的物质有不同的吸收波段,比如血红蛋白、DNA、RNA 的吸收波段都是不同的,如果有对应波段的激光器,随着成像对象的选择吸收,就会选择性地产生超声波。所以原则上我们就可以采用不染色的方法,把这些细胞、结构或者生物体区分出来,相比传统的生物染色成像方案,这是一大优势。

为了得到这种高分辨率的超声检测,我们对这个探测器有一定的要求,希望它的频率较高,尺寸更小,灵敏度不能低。传统的铁电材料传感器频率只有 30 MHz,体积做小之后信噪比降低得非常厉害,而且每一个传感器都需要一对电极,如果做成点阵的话引线就非常麻烦;还有就是微波频率和它相互影响,这些都是潜在的弊病。而从光的角度来检测超声就有一定的优势。首先光学器件体积做小的时候不会太影响信噪比,自然频带就比较宽,比较容易做到高频。这些器件可以选用无机材料,比如硅基;也可以选用有机材料,比较软,所以声波信号造成的影响就比较大。当光进入谐振腔得到谐振峰后,随着声波和谐振腔的相互作用,谐振腔产生微弱形变,谐振峰就会有一定的移动,最终将声信号转换为机械信号,进而转换为光信号。

我们在对比多种谐振腔结构之后,最终选择了微环,有几个原因:第一,由微环推出

声波信号的过程很简单;第二,微环的制作成本非常低;第三,微环的灵敏度比较高,灵敏度对于人体或动物体内较深处物体成像具有重要意义,因为超声信号经过来回传播后损耗已经非常大,到达传感器时强度可能已经很低了;第四,微环响应频带非常宽,这会直接影响分辨率,横向和纵向都是;第五,微环的体积小,这样我们才能做成阵列,体积小对方向性的敏感度也会减小,这也是非常重要的,且体积小了之后,我们也可以将其放入导管中进行成像。

声波对微环的作用主要依靠两种机制:一个是声波信号压在塑料上会产生形变,这个形变就会影响到谐振峰的波长;另外一个就是压缩一个物体,折射率就会变高,这也会影响到光的传播。不同的材料这二者的贡献是不一样的,有时候是相反的。在制作微环的时候,我们采用的是纳米压印的方法,在密歇根大学工作期间,我们就开始尝试了,因为电子束刻蚀非常昂贵,速度也非常慢。纳米压印这项技术最初是为了做高集成度的硅基晶片,以及做磁记录,记录磁信号的单元做得也越来越小。但在做这些东西时需要克服很多的缺点,比如说表面会有一些缺陷。当我们拿它做一些光学器件时,这些缺陷相对来说还是可以忽略的。

纳米压印的具体方案就是,首先做一个模具,这个模具就是要压印的结构相反的模板,将聚合物放在衬底,用热压的方法,把温度加热到玻璃化温度(glass transition temperature)之上时,它就会软化,进而压进模板里面。压完之后就可以进行一些刻蚀,把底部的衬底去掉,就可以得到更好的光学约束。在制作的时候,不管是做一个或者几十、几百个,速度都是一样的。相关实验最早的一篇文章是在2002年,文中提到做出来的微环腔 Q 值不是很高,只有6000。这有多方面的原因,一个是用的聚合物,因有机材料的折射率比较低,一般为1.5~1.6,和空气的折射率差值较小,光学约束效果就比较弱;另一个就是这种方法得到的微环腔,表面光滑程度也会影响它的损耗程度,即 Q 值的主要限制因素是散射而非吸收。经过多年的工艺发展,我们将表面光滑程度改善,Q 值得到了提升,也能达到 10^6。这个峰的宽窄直接影响到灵敏度。比如说和PVDF材料的传感器进行对比,用NEP(noise-equivalent pressure)来进行衡量,PVDF需要6000Pa,光学法布里-珀罗腔需要350Pa,而我们这种高 Q 聚合物微环腔则只需要21.4 Pa。如果 Q 值还能再提升的话,那就可以精确到几个帕,即对空气的扰动都能精确记录。

2 光声成像实验进展

1)入射角度对微环尺寸的限制

将微环具体用作光声传感器,就是把一个光信号打进去,再利用微环将声信号提取出来,然后再反推,得到里面的结构,即光声断层摄影技术。这里面有一些模拟的地方,比如说声源是由光信号的入射乘上物体空间上吸收的一个函数,然后再做一些近似之后,可以通过测得的声学信号反推物体所在的位置。在这里面就有一个要求,那就是灵敏度最好不要随声波的入射角度有太大的变化。角度有区别,到达传感器的时间就不一样,在整个环形腔的积分上可能就有一个相消的作用。那么这个就和谐振腔的大小有很大的关系。我们对比 100 μm、60 μm、40 μm 微腔在不同角度下灵敏度的情况。环比较大的时候,我们的可用角度范围很小,半高全宽只有十几度;当环做比较小的时候,角度就比较大了,40 μm 时可以做到±40°。我们进行模拟发现,对比上述三种不同的传感器,当处于最佳位置时,不同尺寸的腔都能较好地还原物体的形状;当位置不好时,腔的尺寸越小,对入射角度的要求就越小,还原的物体形状就越准确;进一步偏离最佳位置,太大尺寸的腔在此时几乎无法成像,只有最小的腔才能将物体还原出来。实验上我们用一个 50 μm 半径的球进行测试,其结果与理论仿真很好地吻合。

2)微环宽频带的相对优势

下面再讨论一下频带之间的关系。一个物体产生的频带,直接和它的大小有关。物体越大,它时间域的脉冲就越宽,频率就越低;反之物体越小,脉冲就越窄,中心频率就越高。在成像的时候,不仅物体的大小对频带的影响不一样,即便对同一个物体也不一样,平缓的部分是低频,尖锐的部分是高频。所以我们就希望探测器的响应带宽很宽,将对应的大小、形状等信息全都记录下来。环形谐振腔有一个好处就是它本身的频谱一直到 100 MHz 都是很平的,所以这样一个探测器对于超声传感就很有利。我们模拟对比了这种微环谐振腔和传统的低频或者高频传感器对 50 μm 微球的成像结果。微环可以很好地还原这个微球,低频传感器能够把中间部分显示出来,但边缘就很模糊,因为无法得到高频信号。而用高频探测器时中间就失真了,只能得到边缘信息。所以微环的宽频特性,有利于我们记录结构的所有信息。我们后来做了一个工作,使得频带进一步提升,具体就是对微环的厚度进行了优化,最终可以做到 360 MHz,这样就可以记录下更多的信息。当然也不是越高越好,因为太高频的信号衰减就会很厉害。我们拿这个做了一个实验,做了两层材料,这两层材料都是对光有吸收的,间距设置很小,在 2 μm 左右,优化后的微环由于频谱足够宽,最终能很好地记录下这个间距信息。

3)微环显微镜成像

微环还可以用来做显微成像。我们首先打一个激光束到样品上面,激光束再做一个扫描,每一个点扫描的过程中都会产生超声波,然后就用一个探测器去把这些信号提取出来,最后进行成像,这就是我们显微成像的一个原理。此时我们不需要做成探测器阵列,只用一个微环来接收就可以。当我们对小鼠器官进行成像的时候发现,分辨率还是非常高的。而当我们将微环做成阵列的时候,就不需要进行激光束的扫描,只用脉冲照射就可以。这时我们需要考虑的就是如何利用一个波导将所有微环上的信息提取出来,我们采用的是光学上经常用的 WDM,将不同波长的光都打进去,让每个环都谐振特定波长的光,最后用一个波导就可以把所有信号都提取出来。我们做了一个证明,在一个波导上放了四个微环,使每个微环都是不同的谐振波长,只需把微环的大小稍微改变一下就可以(谐振频率和环的大小成正比)。当超声信号打上去的时候,不同的波长就

对应不同位置的超声信号，这就是我们最后的阵列方案。

4)THz 信号检测

宽频还有一个好处就是可以记录别的信息，比如说我们之前做过记录 THz 信号的微环。因为 THz 信号正好落在电学信号和光学信号之间，相对比较棘手，前些年在这方面有很多研究。我们采用一个不同的方法，不去用电学的方法，而是直接利用特殊材料将 THz 信号吸收，使 THz 信号转换成更容易记录的超声信号，然后用微环将超声信号提取出来。我们利用金属和纸张做了一个隔板，金属材料对 THz 信号有较好的吸收，而纸质材料对信号不会吸收，可以看出，相比传统探测器，我们的微环在分辨纸张和金属边缘分界时明显更清晰。对 THz 信号的转换，我们采用的是碳纳米管结构，它对光的吸收非常好，在很宽的频带上都有强吸收作用。我们利用实验演示了这一点。在硅衬底上刻蚀出一个坦克，由于凸起的存在，光学显微镜可以很清楚地看到这个结构。当在这个结构上面放上一层碳纳米管后，此时 SEM 图由于碳纳米管的存在就会显得比较粗糙；而将结构再放到光学显微镜下面进行观察，就无法看到了，因为光学信号全部都被碳纳米管吸收了。碳纳米管有一个很好的优势就是它的直径很小，几乎会把热量全部传递出来，我们再搭配上其余吸收热量的材料，比如热胀冷缩系数比较大的材料，那么成像效果就很好了。

3. 光声治疗进展

声波在 医疗上的应用不仅是成像，还可以做一些治疗，比如说口腔清洁、碎石等。这些应用用的还是传统的超声信号，没法用光声信号，因为光声信号比较弱。我们考虑采用碳纳米管和 PDMS 对光声信号进行增强，使得强度足以进行医学应用。传统的超声系统体积比较大，在表面产生超声，可以将超声波聚焦到某个点进行加强，通过热的方式或者机械方式对某个结构进行破坏，但频率比较低，只有 1～2 MHz。我们希望做一个精度更高的器件用在医学上，用在不想让其他相邻组织受伤的情况下，比如比较小的癌症组织，或者一些在神经旁边的组织。具体方案就是采用一个“声学镜头”，这是一个光学平面，把碳纳米管和 PDMS 扣在上面，此时每一个地方都是子声波源，利用惠更斯原理，在目标物体处聚焦。光学平面的曲率可以改变聚焦声波的大小，几个毫米或者几个厘米都可以。实验中，我们把纳秒激光信号打到 CNT 光声镜片上，并利用探测器来记录其信号强度。信号强度有正反之分，可以看到一个脉冲光过来可以产生几十兆帕，也就是五六百个大气压的压强，但是负的信号没有办法记录。传统的超声波信号碎石是在表面打一个大坑出来，而我们这个结构比较精准，可以在石头表面刻下很细的线出来。同时，我们可以用激光高速影像法对它进行实时成像，可以把过程全部都看到。这个技术被相关杂志称为“超声手术刀”。

4. 总结

本文首先介绍了微环超声成像的原理，包括其带宽、尺寸、Q 值等方面的限制和优势,以及物体光声过程与有机材料微环接收超声信息原理。接着,我们介绍了微环在成像和 THz 信号检测方面的进展,以及相比传统探测器的优势。最后,利用碳纳米管这样一种新材料,我们做出了精度更高的“超声手术刀”。声波的应用十分广泛,如表面清洁、神经刺激、成像,等等。相比之前的方案,我们在频率、强度、精度等方面都做出了提升,因此应用也更加广泛。相信在未来,光声系统一定会在医学领域有更大的突破。

(记录人:马瑞隆　审核:施雷)

龙腾 北京理工大学教授，博士生导师，校党委委员，校长助理，雷达技术研究所所长。国务院学位委员会第七届学科评议组成员，教育部长江学者特聘教授，国家杰出青年科学基金获得者，入选第二批国家高层次人才特殊支持计划领军人才、“有突出贡献中青年专家”、国家创新人才推进计划——中青年科技创新领军人才。中国电子学会、中国仪器仪表学会信号处理分会主任委员，中国高科技产业化研究会智能信息处理产业化分会理事长，中国电子学会无线电定位分会副主任委员，IET 会士，中国电子学会会士。长期从事新体制雷达与实时信息处理领域的研究工作，发表学术论文 200 余篇，获得授权发明专利 70 余项，获国家技术发明奖二等奖 1 项，国防和军队科技成果一、二、三等奖共 8 项。

第131期

Novel Civilian Radar System Theory and Key Technologies

Keywords：civil radar，synthetic aperture radar，radar imaging，new system detection

第131期

新民用雷达系统理论与关键技术

龙 腾

1. 雷达的基本概念与发展历程

雷达是 Radar(radio detection and ranging)的音译，意为无线电探测和测距，是利用电磁波探测目标的电子设备。雷达对目标发射电磁波并接收其回波，由此获得目标至电磁波发射点的距离、速度、角度等信息。雷达最主要的优点是能够全天候、全天时工作。

雷达的概念出现在20世纪初，德国人胡斯梅耶研制出原始雷达并在科隆试验成功，作用范围一公里，并申请了专利。当时德国海军认为那是他们见过的最没用的发明。雷达当时最大的问题是它的发射机功率非常小，而且接收机也不是最优的，所以作用范围小。

20世纪30年代，英国伯明翰大学的沃特森瓦特试制磁控管成功，解决了大功率微波产生的问题，将雷达从实验室推向了实际应用，这是雷达走向实用化最重要的一个环节。

第二次世界大战期间，雷达已经被广泛应用于军事方面，并用于不列颠、珍珠港和菲律宾之战等。二战期间已经有多部雷达，当时并不具备系统的理论，而是雷达系统工程师在实践中摸索出来的。

20世纪40年代人们才真正具备雷达的系统理论，香农的《通信的数学理论》奠定了信息论的基础。之后雷达方面的学者就将信息论应用到雷达检测上，得到了雷达在理论上的最佳接收效果。另一方面，维纳的控制论给雷达跟踪提供了理论基础。实际上，雷达最基本的理论在20世纪50年代就已经基本具备了。另一个重大的发展就是各种雷达新体制的发展，包括相控阵雷达和合成孔径雷达。相控阵雷达由若干单独的天线或辐射单元组成，通过改变每个单元上电流的相位来进行电子扫描。合成孔径雷达是把雷达放在飞行的卫星或飞机平台上，通过平台的移动，将天线等效成一个非常大的天线，从而获得目标距离-方位二维高分辨率微波图像。

20世纪60年代数字集成电路的出现，使得技术突飞猛进，新的雷达体制从理论变

为现实。美国的爱国者和宙斯盾雷达都是在六七十年代开始研制的。

到了20世纪90年代以后，在新的应用驱动需求下，雷达探测的目标从喷气式飞机变成了隐形飞机、巡航导弹、弹道导弹和超高声速飞行器，探测的环境也变成了复杂战场环境和复杂电磁环境。新的应用对雷达系统、体制和技术提出了新的需求。

2. 三种新体制民用雷达技术

那么民用雷达到底有什么用？雷达是在军用中不断发展的，然后应用在军用和民用的各个方面。我们每天的衣食住行，只要带一个“行”字的，都会用到雷达，主要有交通类雷达（包括航空、航海和道路交通）、气象雷达、安防雷达、对地观测雷达、仓储监控雷达、电力监控雷达和激光雷达等。

以上介绍的是民用雷达的一些基本应用类型，接下来具体介绍一下新体制民用雷达在雷达成像、微小目标探测和航天遥感方面的应用。

1）雷达成像探测系统

雷达成像系统基于合成孔径的原理，实现距离和角度的二维高分辨率成像。主要分为地基合成孔径雷达、穿墙合成孔径雷达和机载合成孔径雷达。

（1）地基合成孔径雷达

我们国家地理条件非常复杂，一些山区经常发生大规模的山体滑坡灾害，造成严重的人员伤亡和经济损失。

那么能否对滑坡进行预测呢？形变测量技术是滑坡灾害检测与预警的关键技术之一，如果能够对滑坡的形变进行非常精准地预测，那么就有可能根据形变情况对滑坡进行预测。测形变有很多方法，GPS也可以测，但是GPS只能对一个点进行测量，测量成本太高，而且由于易发生二次滑坡，此法可行性不高。山体滑坡通常是伴随着下雨，光学仪器很难精确测量；而雷达没有这方面缺陷，边坡雷达（地基合成孔径）就是这样一种技术，它是利用合成孔径原理获取二维微波图像，利用差分干涉原理对两幅微波图像进行高精度形变测量，可实现在复杂气象条件和低能见度条件下的连续测量。

为了实现高分辨率雷达成像，基于合成孔径的原理，我们利用滑轨（电控位移台）形成合成孔径二维图像，距离向利用FMCW（调频连续波）进行去斜处理，方位向利用极坐标进行反向投影处理。大气、温度的变化扰动都会对成像性能造成影响，为了实现高精度的形变反演，可以在场景中找一个相对比较固定的点，将该点作为参考点，对其他点的测量结果进行校准，这就是永久散射点技术。总的来说，就是在距离维上通过调频连续波实现距离高分辨，在角度维上通过合成孔径实现方向上的高分辨，得到距离和角度的二维图，再用差分相位的方式得到形变，并利用永久散射点进行补偿，最终得到比较精确的形变。

目前已经研制了边坡雷达系统，该系统由高分辨率雷达、高精度电控位移台、不间断供电系统和数据处理软件组成，使用Ku波段，测量精度小于0.1 mm，分辨率为0.3 m

×0.4 m,作用距离为10～4000 m,测量速度为2～10 min/次。该系统已经在首钢水厂铁矿和山西吕梁进行了测量。

边坡雷达可以用于露天矿边坡等工程边坡的灾害预警,尾矿坝、大型水坝的健康监测以及山体边坡的滑坡监测。

(2)穿墙合成孔径雷达

穿墙合成孔径雷达是一种小型化雷达,用于探测和辨识墙体、地表埋藏物(如管线、窃听器等),以及墙后隐藏对象(如恐怖分子)。该雷达可以穿透不透明的墙表面或地表面,进而进行探测及成像。

穿墙合成孔径雷达可以用于安检、安防以及工程质检和市政管理等方面。安检方面主要是用于探测墙体内不明金属或非金属物体,如窃听装置等;安防方面主要是用于探测墙后恐怖分子等;工程质检和市政管理主要是用于探测钢筋结构完整性,检测路基、隧道完成质量和安全性。

穿墙雷达有两个主要的问题需要考虑。第一个问题就是工作频率的选择。探墙需要很高的分辨率才能看到墙体里的东西,其成像也是基于合成孔径。高频段分辨率高,低频段穿透性强,存在分辨率和穿透性的矛盾。另一个问题就是近场合成孔径成像问题。雷达是贴在墙面的,这个时候就只能用近场的电磁模型,同时还需要考虑工作参数的优化以及方位向高分辨率的实现。

目前已经研制的探墙雷达设备,工作在K波段,最小可测目标尺寸为3 mm;利用超宽带步进连续波,木墙可探测深度范围为0～8 cm,水泥墙可探测深度范围为0～4 cm。利用近场合成孔径成像,方位分辨率可达1 cm。通过在水泥墙埋U形针、在木墙埋钥匙等实验,都可以看到明显的探墙成像效果。

(3)机载微型合成孔径雷达

机载微型合成孔径雷达是以无人机作为工作平台,以合成孔径雷达作为任务载荷,实现高分辨微波成像,可实现全天时、全天候工作。主要可用于地震和洪水等的灾情评估、远程搜救,海岛监视和主权保护,以及管道与电网巡线。

机载雷达主要有系统优化和小型化这两方面的问题需要考虑。雷达体制、工作频段和系统参数都需要系统优化设计。由于机载雷达是以无人机作为工作平台,天线、发射机、接收机和信号处理模块都需要进行小型化处理。同时,无人机飞行时存在抖动,也会对成像结果的精度造成影响。通过高重频、高占空比的波形降低峰值功率,调频步进频信号合成宽带降低瞬时宽带,实现系统优化。微带阵列天线实现高增益、低副瓣天线,多芯片模块技术实现微波电路的小型化。

已经研制成功的微小型无人机载SAR系统由雷达载荷、地面处理系统组成,工作在Ku波段,有0.2 m、0.5 m、1 m三种分辨率,作用距离为0.5～2 km,成像幅宽达500 m和1000 m,质量为1 kg,尺寸为130 mm×220 mm,功耗为38 W。该雷达已在固定翼航模平台、电动固定翼无人机平台和无人直升机平台进行了试验。

2)微小目标探测系统

顾名思义,微小目标探测系统就是利用雷达对微小的目标进行探测,主要分为昆虫雷达、近空小目标监视雷达和机场异物检测雷达。

(1)昆虫雷达

昆虫雷达是通过主动发射电磁波,利用昆虫后向散射的回波信息,感知昆虫大小、位置和体朝向等信息。

昆虫雷达是研究昆虫迁飞的重要手段,促使迁飞昆虫学从定性研究发展到定量分析。昆虫迁飞是全球生态系统的重要组成部分,驱动微生物和动植物的协同进化,影响生物多样性及生态稳定性。昆虫迁飞还会导致病菌大范围传播,导致人类感染传染病,致使植物遭受病害。同时,昆虫迁飞也是全球物候和环境变化的敏感指针,迁飞规律随全球气候变化,迁飞行为随气象、地磁和偏振光变化。研究昆虫迁飞对科学研究和社会发展都有重要意义。

20 世纪 60 年代,世界首台昆虫雷达在非洲沙漠对蝗虫的迁飞进行了检测;20 世纪 70 到 90 年代出现扫描昆虫雷达;20 世纪 90 年代之后出现垂直检测昆虫雷达。现有的昆虫雷达可以检测群体迁移,但是难以检测个体行为,亟需研发新一代昆虫雷达,能够准确检测昆虫的个体行为,深入揭示昆虫迁飞的内在机理。

复杂环境下的迁飞轨迹分析存在两个难点。第一个难点是目标微弱,昆虫与传统雷达观测的目标尺寸相比差 4 个数量级,散射强度小至 −80 dBsm;另一个难点是目标密集,昆虫一般是集群迁飞,需要高距离分辨率和高数据更新率,距离分辨率须达到 0.1～0.2 m,数据更新率须达到秒级。高分辨相控阵技术通过频域宽带合成可实现高距离分辨率,通过相控阵电扫描可实现高数据更新率。

目前,已经基于高分辨相控阵雷达对昆虫的轨迹进行了测量,采用 Ku 相控阵,对指定空域进行快速扫描,获取多目标三维轨迹,扫描俯仰角 0°,方位角 −15°～15°,数据更新率 1.3s。基于新一代昆虫雷达测量的精度行为参数,可显著提高迁飞性害虫监测预警的时效性、精准度和自动化程度,为提高害虫综合治理能力、保障国家粮食生产安全和生态环境安全提供关键技术支持。

(2)近空小目标监视雷达

近空小目标监视雷达的应用主要是对无人机(UAV)、鸟群等低空飞行目标的实时监测,如对机场鸟情的监测,提供预警,防止发生飞鸟撞机事件,以及对无人机目标的探测和关键场所低空空域的监视。

近空小目标具有低、小、慢的特点,对这种目标的探测,存在回波幅度小、地杂波严重的问题;对于目标群密集的情况,还需要进行单目标的分割。对于低空目标,可以使用距离高分辨和时频联合处理增强回波幅度;对于地杂波,可以利用低副瓣天线设计以及信号处理参数优化来抑制地杂波;对于低空小目标,利用距离-角度-多普勒进行多维分辨,根据单目标的特征进行判决。

目前已经完成了近空小目标雷达样机的构建,并进行了外场演示验证实验,对无人机跟飞麻雀或鸽子与自由飞行鸽群进行了对比观测。

(3)机场异物检测雷达

机场跑道异物(FOD)泛指可能损伤航空器的某种外来物质,如飞机和发动机连接件(螺帽、螺钉、垫圈和保险丝等)、飞行物品(钉子、私人证件、钢笔和铅笔等)、机械工具、道面材料、塑料、野生动物、石头和木块等。

机场异物容易对飞机轮胎、机体造成破坏,尤其是破坏发动机和油箱,会造成巨大的灾难。目前主要的应对方法是通过人工定时巡视、人眼近距离搜寻探测机场异物,但人工的方法效率低、可靠性差、占用跑道使用时间。

对机场异物的检测主要有几个方面的问题需要考虑。机场异物的体积小、回波弱,信杂噪比低;当多个异物距离近时,很难分辨,对设备的分辨率要求较高;机场跑道边灯、中线灯容易造成虚警。针对这些问题,可以利用杂波图检测算法抑制地杂波,从而提高信杂噪比;采用 LFMCW 信号体制,能够实现较高的距离分辨率和方位分辨率;采用目标融合算法,能够降低虚警率。

目前已有 LFMCW 体制毫米波雷达,其最大探测距离可达 70 m,并对标准高尔夫球场进行了验证实验。工作频率为 91～96 GHz,距离分辨率小于等于 3 m,角度分辨率小于等于 1.5°,异物发现概率大于 90%,虚警时间达 42 小时。

3)航天遥感技术

航天遥感技术就是将雷达放在卫星上,通过合成孔径的原理实现高分辨率成像,主要有星载 SAR 成像技术、地球同步轨道合成孔径雷达和基于导航卫星双基地 InSAR。

(1)星载 SAR 成像技术

星载 SAR 系统以卫星作为工作平台,以合成孔径雷达作为任务载荷,实现高分辨率微波成像,可实现全天时、全天候、大范围、高分宽幅成像,适合对地面进行快速成像处理,可用于地形测绘与地质研究(如地表形变和沉降等)、农业和林业研究(如土地利用调查、农作物生长与分类),以及海洋研究和监测(如海面、石油污染的监测)。

星载 SAR 成像技术可分为多种工作模式,以满足不同的需求。主要可分为条带式、扫描式、聚束式、滑动聚束式、TOPS、多通道条带式和多通道扫描式。各种各样的模式,在正式工作前必须进行分析和论证,包括参数的分析与天线的优化设计。对于数字仿真平台,可通过多模式参数分析与优化设计、回波模拟、成像处理和图像评估的理论方法研究与实现。对于地面成像处理,可通过预处理、CS 聚焦和后处理对雷达图像进行一体化成像处理。

我国第一个民用星载 SAR 卫星环境一号 C 卫星于 2012 年 11 月发射,我国第一个多极化星载 SAR 卫星高分三号于 2016 年发射成功。

(2)地球同步轨道合成孔径雷达

地球同步轨道合成孔径雷达(GEO SAR)是在地球同步轨道上运行的星载 SAR 系

统，在高度 36 000km 的非静止地球同步轨道，成像幅宽大，重访时间短，可实现突发事件快速反应。

和传统的合成孔径雷达不一样，GEO SAR 面临很多挑战。在航天技术方面，由于发射轨道高，传播距离远，GEO SAR 需要大卫星平台、大功率发射机和大孔径天线，这些问题随着航天技术的发展正在逐步得到解决。在理论基础方面，与低轨 SAR 相比，GEO SAR 轨道高度增加了两个数量级，合成孔径时间和长度都随之增加了两个数量级，这就需要考虑非“Stop-and-Go”假设和弯曲轨迹，新的时空尺度引入了新的时空变行为。还有一个问题就是电离层效应，电离层是地球高层大气中的电离部分，地球同步轨道雷达受电离层影响较大，电离层的闪烁会造成信号幅度和相位的随机抖动，对雷达成像的精度造成影响。

目前已经完成了基于北斗 IGSO 高轨导航卫星的相关实验验证。

(3)基于导航卫星双基地 InSAR

基于导航卫星双基地 InSAR 系统使用在轨导航卫星作为发射机，对地表进行被动 SAR 成像，采用干涉处理技术实现高精度的形变测量反演，如路基沉降的测量。

目前已经构建了基于北斗导航卫星的 BiSAR 试验系统，该系统使用 L 波段直达波天线，四通道接收机和八通道数据采集器。我们还开展了基于北斗导航卫星的单角度成像、多角度融合成像和特显点三维形变测量试验。

将来，基于导航卫星双基地 InSAR 系统将可用于高铁路基以及桥梁的沉降、滑坡临滑预报和地质灾害监控等方面。

3. 未来发展思考与前景展望

目前已有各种功能的新体制民用雷达，那么未来的发展方向会如何？

我们大胆展望，利用新的雷达探测技术和机理，可以做成量子雷达、凝视成像雷达、微波光子雷达、太赫兹雷达和超导雷达接收机等；民用雷达也可以做得更加智能化，如软件雷达和认知雷达；利用芯片化技术，将整个雷达集成到一块芯片上去，可以做成单片雷达或全硅基相控阵雷达；此外，还有分布式雷达和多维度成像雷达。

面对复杂的电磁环境，增强雷达的抗干扰能力或利用无源雷达，可以作为新的发展方向。在航天遥感方面，做到高性能、低成本以及芯片化，实现在轨实时信号处理，也是未来的研究方向。

（记录人：皮从之　审核：马洪　胡晓莺）

金平实　研究员，博士，中科院上海硅酸盐研究所工业陶瓷工程研究中心主任。从事节能环保纳米新材料的基础与应用研究30余年，先后发表学术论文近300篇，申报中国及日本、美国专利100余项，部分专利实现产业化。是智能节能材料领域的国际知名专家。

第132期

Light-control Nano-materials for Energy Saving and Environmental Purification

Keywords: nano-materials, building energy saving, control of solar radiation, environmental purification

第132期

光与材料与节能环保

金平实

1. 太阳光谱与节能环保的关系

1)太阳光谱的分布

电磁波谱的分布从波长最短的γ射线，到常用来分析物质成分的X射线、紫外线、可见光、近红外、中红外、远红外，一直延伸到微波和工业电波。对节能环保领域来说，最重要的波段是太阳光谱和常温黑体辐射谱即地表辐射谱，通过对太阳光的入射和地表辐射的控制和利用，从而达到节能环保的目的。太阳光谱覆盖了250～2500 nm波段，太阳光在到达地面的过程中经过组分不同的层层大气，会被反射、折射和吸收，到达地面的时候已是残缺不齐的波谱。这个残缺的太阳光谱与人类的通信、国防等有着密不可分的关系。地表辐射谱主要集中在8～12 μm波段。太阳光谱和地表辐射两个波谱与全球气候变暖有着密切关系。

太阳辐射可以看作是一个温度为6000 K的黑体不断地向地球辐射能量的过程，而地球也在不断向外辐射能量，两种能量的波长范围是不相同的，在此过程中，大气会对两侧的能量进行吸收和透过。从大气对地球辐射光谱的透过率谱可以看出，在8～12 μm的窗口内，大气中的CO_2等气体对地球热辐射有着明显的阻碍作用，较低的透过率使地表的热辐射很难排到大气层外而使地球表面温度下降，而太阳光的辐射到达地球却没有因此减少。因此，当大气中的CO_2含量累积增加时，全球气候变暖日益加剧，从而造成由气候变暖导致的冰川融化、地表沙漠化等现象，以及台风、洪水等异常气候与各种自然灾害多发。

2)能耗分布与节能环保

随着人们生活水平的提高，节能环保越来越被人们重视。有很多国家的建筑能耗约占社会总能耗的三分之一，我国作为人口众多的发展中国家，建筑单位面积能耗甚至是发达国家的2～3倍。同时，我国建筑用能导致的温室气体排放率已经达到了25%，

是需要节能减排的重点领域之一。建筑能耗中约三分之一是建筑物中的制冷、取暖设备引起的，而在这些能耗中通过门窗流失的部分几乎过半。据日本研究机构对一般民用建筑物的模拟计算表明，经过窗户的热交换损耗，冬季约为58%，夏季高达73%，单独的窗户热量损耗就已超过房屋总能耗的一半。因此，建筑节能是我国节能减排的重点，节能窗的使用是实现建筑节能的关键。

目前我国的节能玻璃窗产品主要为低辐射率（Low-E）镀膜玻璃，且在近些年来价格已经平民化，并被大量使用。但 Low-E 镀膜玻璃仍存在不可忽略的缺点，即一旦结构形成，其光学性能就不随环境变化而变化，无法根据季节气候以及人为需求进行可逆的双向调节以获得冬暖夏凉的舒适效果，难以适应我国大部分冬冷夏热、四季分明地区的需求。因此，近年来科研人员致力于研发新型的“智能节能玻璃”，其特点是光学性能可以随环境变化（温度、光强等）或个人喜好进行可逆的双向调节，来满足人们对居住空间节能化、舒适化和人性化的更高要求。目前已经形成了部分成熟的技术，有希望在近期获得大规模的应用。

2. 新型纳米材料与节能窗

1）节能窗的分类及原理

节能窗主要分为静态不能调光的玻璃窗（如低辐射率玻璃窗或阳光控制玻璃窗）和动态可调光的智能玻璃窗。目前我国的节能玻璃窗产品主要为低辐射率玻璃窗，其特点是：在具有较高可见光透过率的同时，对远红外辐射热有着较低的发射率，因此对室内有隔热保温作用。另外，可通过对 Low-E 镀膜玻璃材料与结构的设计对太阳光进行部分剪裁，分别实现对太阳热的低透过、高反射（适合于炎热地区）或高透过、低反射（适合于寒冷地区）。

智能玻璃窗的玻璃根据其调光机理主要分为温控（热致变色）智能节能玻璃、电控（电致变色）智能节能玻璃、光控（光致变色）智能节能玻璃和气控（气致变色）智能节能玻璃。

温控智能玻璃主要是利用 VO_2结晶的温控可逆相变，即在高温条件下，VO_2表现为导电性非常好的金属相四方晶型，这种晶型状态对光线有较高的反射作用；在低温条件下，VO_2呈现出半导体相单斜晶型，具有较好的光线透过率。纯相 VO_2结晶的相变温度在68℃，但经过特殊的工艺，如掺杂、施加压力，控制结晶粒径大小等手段，可将相变温度降至室温附近，如30℃。当环境温度大于这个温度时，VO_2表现为金属特性，进而反射红外线；当环境温度低于该温度时，VO_2表现为半导体特性，进而透过红外线。因此该智能玻璃窗不用其他人工能源或开关，仅根据环境温度变化，就可以达到室内环境冬暖夏凉的效果，实现节能环保目的。

电控智能玻璃，顾名思义就是施加电压，利用材料的电致变色特性来对玻璃进行调光，这是目前节能玻璃中与温控智能玻璃并行的一种主要发展方向。光控智能玻璃，即利用材料的光致变色原理，调节玻璃在不同太阳光强条件下的透过率以达到节能目的。气控智能玻璃则是利用在封闭的玻璃体系内导入一些特殊气体，利用化学反应来改变玻璃透过率。

2)温控玻璃节能窗的制备工艺

温控智能玻璃主要是在传统玻璃上贴膜和在玻璃上直接镀膜来达到节能目的。按其制备工艺，主要分为纳米粉体制备智能节能贴膜技术和规模化磁控溅射镀膜玻璃成套技术。

贴膜技术的过程可概括为纳米粉体的改性与制备、涂料的合成、复合材料技术处理，最终得到智能贴膜产品。其中的关键技术是 VO_2 纳米粒子量产与表面改性，首先在 V^{5+} 离子溶液中加入还原剂得到 V^{4+} 离子，经过水热反应后得到 VO_2 纳米粉体；之后对其进行改性，让其与树脂、溶液结合做成涂料；最终做成贴膜产品。另外我们也可以对纳米粉体进行改性，得到纳米单晶、纳米薄片、纳米气孔、纳米棒、纳米中空包覆及纳米花等，我们主要用的是纳米单晶加表面包覆工艺，因为几十纳米的粒径尺寸不会对光线造成较多散射。

将得到的改性后的纳米粉体做成产品主要有三种方式：涂覆、共混和聚合。即将改性后的纳米粉体做成涂料，通过涂覆的方式得到产品；或将纳米粉体与 PET 母液共混制膜得到产品；或将纳米粉体放入做树脂的原料里面，在聚合阶段就将粉体分散在材料里，聚合加工制得薄膜。以上三种方式都要注意纳米粉体的尺寸大小，尽量避免其在制备过程中由于团聚等形成几百纳米的尺寸，否则会对光线有较大散射，不利于节能窗的应用。

规模化磁控溅射镀膜玻璃成套技术，是利用磁控溅射技术将所需结构镀在玻璃上，得到节能玻璃。这项技术首先需要对镀膜结构与厚度进行设计，如采用将 VO_2 置于两层或以上透明介电薄膜之间的优化结构等。下一步将优化过的纳米粉体制成磁控溅射适用的靶材，最终将相关靶材材料溅射到玻璃上形成镀膜玻璃产品。随后我们对制成的温控玻璃进行不同温度下的透过率测试，发现满足高温透过率明显降低，低温透过率升高的要求，证明其在红外区域具有良好的调光作用。

我们利用 Maxwell-Garnett 有效介质理论对 PET 柔性膜进行光学设计，计算出含 1%、1.5%、2%纳米粉体的 PET 薄膜分别在低温和高温下的透过率。结果表明，在低温条件下，三种 PET 薄膜的透过率均比较高，尤其是含量为 1%的 PET 薄膜在约 700 nm 以后，透过率均大于 80%。在高温环境下，三种薄膜的透过率均有明显下降，尤其在

750～1500 nm的红外波段。在高温下三种材料透过率的波谷处，纳米材料含量为1%、1.5%、2%的三种PET薄膜的透过率与同波长低温条件下计算出的透过率相比，分别降低了16%、21%和25%。由此可见纳米粉体在红外区域的调光能力非常强。这一部分调光原理是利用了纳米粉体独有的表面等离子体共振原理，纳米粉体会在此产生强烈的吸收，减小了薄膜的透过率。这也是金属纳米粉体特有的性质，半导体并不具备。此外，可以将不同颜色的材料混入到薄膜中，利用其在不同波长处的吸收，得到不同颜色的薄膜，满足市场多样化的需求。

3. 光触媒材料与室内环保

1)TiO_2 光触媒材料原理

光触媒材料的净化机理是利用 TiO_2在光照射后具有极强的氧化还原能力，可以将有害的环境污染物分解为无害的水和二氧化碳等。TiO_2的禁带宽度约为3.2eV，当其被波长小于387 nm的光照射时，价带上的带负电的电子被激发到导带，价带上留下带正电的空穴。电子与空穴分别与空气中的氧分子和水分子发生反应，生成带负电的活性氧和活性极强的羟基基团。C—H键、O—H键、C—Cl键及C—C键的键能分别为99 kcal/mol、111 kcal/mol、81 kcal/mol和83 kcal/mol，均小于氢氧自由基的键能（约为120 kcal/mol），因此容易被氢氧自由基破坏。

市面上还有其他种类消毒除臭的材料，比如氧原子、臭氧、过氧化氢、过氧化氢基、次氯酸、氯等，若将氯的氧化能设为参考值，则氢氧自由基的氧化能是氯氧化能的2.05倍，氧原子等上文所述材料的氧化能均低于氢氧自由基，因此氢氧自由基具有最强的氧化还原能力。

2)TiO_2 光触媒材料的特点

我们实验室的光触媒材料与市面上的光触媒材料不同，主要具有以下四个特点。第一，光触媒材料是纳米级别的，粒径大小可达到5～7 nm，具有高活性和较大比表面积，这就使其具有极强的光催化能力。第二，光触媒材料采用了高比表面积的包覆技术。在活性的 TiO_2材料外面包覆了吸附性极强的有机材料，可以先将污染物吸附到有机材料层，然后 TiO_2在光照条件下将其催化。由于通常我们会将光触媒材料与树脂混合使用，包覆有机层能够避免光触媒材料在分解有害物质时将树脂也分解掉。对此我们做了光触媒共混树脂光照耐久试验，在紫外光照80小时以后，市场光触媒材料质量减少率为33%，而我们包覆光触媒材料的质量减少率小于5%，由此可见光触媒材料外包覆有机物的确能够保护共混的树脂不被分解。第三，利用掺杂技术实现了在可见光波段也进行光催化。第四，我们将 TiO_2进行掺杂处理，使其在可见光的照射下也能够发生光催化作用，扩大了其使用波段范围。

3) TiO_2光触媒材料的应用

首先,可以将光触媒材料用于自洁净玻璃。将光触媒材料制成的光催化膜贴在玻璃外侧,在光的照射下,能够减少污染与玻璃的结合力,经过雨水的冲刷,污染物即被雨水带走。其次,光触媒材料还可以用来抗毒杀菌。我们做了四组对比试验,分别将含有相同数量细菌的未加工的两个样片和 TiO_2光触媒薄膜的两个样片放在荧光灯下照射和避光处理。结果表明,未加工样片在荧光灯下照射 24 小时比相同样片避光处理的抗菌效果较好,TiO_2光触媒薄膜样片在避光条件下比未处理的普通样片在荧光灯照射下抗菌能力要好,而在荧光灯照射下 TiO_2光触媒薄膜样片的抗菌效果是最好的(试验样片放在荧光灯下 200 mm 处,所用荧光灯为东芝 10 W 白炽灯)。

此外,TiO_2光触媒材料还可以用于医用口罩预防传染病,有效预防禽流感病毒和大肠杆菌的入侵,道路护栏道路立柱的防污,污水的处理,动物养殖场的除污,废气处理及室内甲醛等有害气体的清除等。

4. 其他研究

除去节能窗和新型光触媒材料,我们还在进行一些别的研究。近年来,我国北方城市雾霾情况不容乐观,防霾既要靠国家的宏观治理,疏散和治理高排放工业产能、改变能源结构、控制汽车尾气排放的质量等,还需要配合微观调控,如改善住宅通风、制作防霾纱窗、锻炼体质、适时体检等。由于人的一生有一半以上的时间是在室内度过的,因此新风系统和防霾纱窗的研究是必不可少的。

现在已有的两种防霾纱窗技术是核孔膜纱窗和静电吸尘纱窗。核孔膜纱窗是利用粒子加速器和化学腐蚀得到微米级的孔洞,从而达到防霾透气效果;静电吸尘纱窗的原理是纱窗构成材料在风吹过时可以带电,且其所带电荷与 PM2.5 所带电荷相同,因此可以将雾霾排斥在窗外,达到防霾效果。

我们现在正研究的复合材料新技术主要利用有机和无机材料的结合,利用树脂做主体(类似于树干),并在上面引入一些纳米粉体,经过一系列的处理,纳米粉体会延长生长(类似于在树干上长出的枝条),随后的热处理等可以让这些类似于树枝的材料更加分散化,将其制成纱窗以后,可以有效通风且防止 PM2.5 的入侵。

5. 结论

(1)建筑能耗占社会总能耗 1/3,而通过窗户流失的能耗又是建筑能耗的重要组成部分,因此节能窗的研发与应用必不可少。

(2)每年新建建筑面积及现有建筑面积数目庞大,因此节能窗及节能贴膜市场需求量大。

(3)充分利用太阳辐射光谱和地表辐射光谱及二者间的相互作用是利用光能节能的关键。

(4)VO_2具有明显的温控调光效应。

(5)仅需少量的 VO_2就可以做大面积的节能薄膜,使实现产业化成为可能。

(6)PET 柔性膜制备工艺成熟,可大面积制备节能薄膜。

(7)全固态电控智能玻璃在可见光及红外波段调光作用明显,但仍存在费用过高等问题需要解决。

(8)新型纳米材料——光触媒材料有着自洁净、抗菌、除污、清除室内有害气体等作用,值得广泛应用。

(9)新型纳米材料做防霾纱窗具有良好的前景。

(记录人:李军丽　审核:屠国力)

Michael Sumetsky 现任英国阿斯顿大学光子技术研究所教授，毕业于俄罗斯圣彼得堡国立大学，并先后获得哲学博士及理学博士学位，随后在俄罗斯圣彼得堡国立电信大学工作。1993年在德国尤里希研究中心做洪堡学者，1995年加入美国贝尔实验室，2001年在OFS实验室从事研究工作，2013年加入阿斯顿大学光子技术研究所。美国光学学会会士，英国皇家学会沃夫森优异奖获得者。

主要研究方向为光学微腔及纳米光学，在微纳光纤及微纳光纤谐振腔方面做出了许多创新性工作，首次提出利用光纤半径纳米量级变化开展集成光器件研究，实现埃米精度的可调表面纳米轴向光子技术。目前已发表期刊论文和会议论文200余篇(含OFC等重要会议Postdeadline论文8篇)，近50次在国际会议上作特邀报告。授权美国发明专利25项，出版专著1部，另撰写专著章节4章。兼任*Optics Letters*、*Optics*(*MDPI*)、*Journal of Optical Physics*(*Hindawi*)等期刊编委。

第133期

Recent Progress in Surface Nanoscale Axial Photonics

Keywords：surface nanoscale axial photonics，microcavities，micro-optical devices

第133期

表面纳米轴向光子的最新进展

Michael Sumetsky

1. 微型光子器件的发展

现代光子学面临的最大挑战之一是创造微型低损耗和高速光学信号处理器，这将有望彻底改变未来的计算和通信。控制和操纵光脉冲的集成器件的关键挑战因素是微观光学补偿。要具有尽可能小的尺寸，缓冲器应该捕获光脉冲，保持它们所需的(通常是纳秒级)时间，并释放它们而不失真。在小尺寸的光子结构中，假设光脉冲的延迟在被释放之前，脉冲会经历许多振荡(例如反射和旋转)，即其在这些振荡上平均的传播速度较慢。基于这种"慢光"概念寻找微型光学延迟线和缓冲器，产生了几种采用耦合环形谐振器和光子晶体波导的设计结构。这些慢光结构中最重要的特性是周期性，其透射带具有近似零色散的区域，这确保了光脉冲几乎无散射和慢速传播。这些结构尽管有带宽延迟时间限制，但是同时限制了延迟时间和脉冲带宽的数值。Xia. F 提出通过耦合谐振器光波导透射谱的绝热压缩来产生微型光学增益器。在理想情况下，该装置能够减缓和停止具有预定谱宽的光脉冲。然而，由于现代光子技术的精度不足和过程中存在的损耗，所有这些模型的实验实现都遇到了明显的实际障碍。因此有人提出，缓慢的光散射中，带宽和损耗是限制使用慢光器件作为保护器的基本原因。

表面纳米轴向光子(SNAP)是基于光纤半径纳米量级的变化或折射率变化产生的微型光子器件，其由于回音壁模式(WGM)沿光纤表面缓慢向前传播，与折射率周期性调制的光子晶体中的慢光不同，SNAP 中慢光的轴向传播通过环绕光纤表面的周期性旋转实现。在 SNAP 中光传播方向是沿角向的，故轴向传播速度很慢，近似为 0。且 SNAP 结构的精度高，可达到 0.2Å，具有传输损耗小，Q 值高等优点，现已广泛应用在光时延、缓冲器、信号处理、量子网络、可调谐器件、复杂光子回路、微流体传感等领域。

2. SNAP 技术的原理介绍

SNAP 是一种复杂微型光子电路的高精度和低损耗平台。其结构如图 133.1 所示。它由一个引入纳米尺度半径变化的光纤(称为 SNAP 光纤(SF))和横向输入/输出波导耦合到这个光纤组成。波导通常由具有 1～2 μm 直径的双锥光纤制成,或者可以是光刻制造的平面波导。输入波导激发 WGM,其在 SF 表面附近循环并且沿着光纤轴线缓慢传播。在 SNAP 中,WGM 具有非常小的传播常数,因此对纤维半径显著小的纳米尺度变化以及折射率的类似变化敏感。这使得我们能够制造复杂的 SNAP 回路(例如由长串联的微谐振器组成),具有高精度和超低损耗。SNAP 器件的性能仅取决于光纤的有效半径变化,有效半径变化结合了光纤物理半径的变化和折射率的变化。

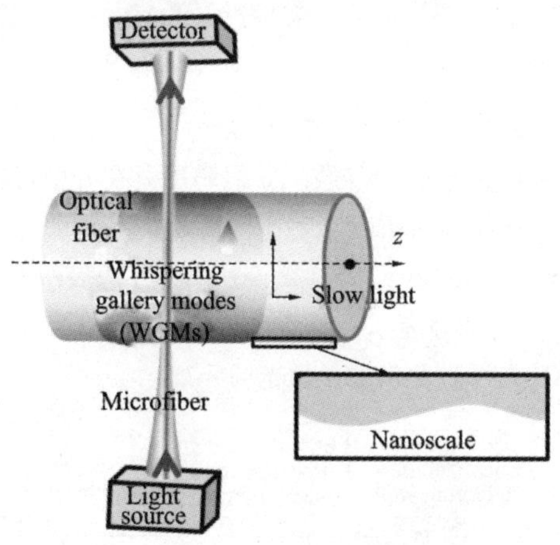

图 133.1　SNAP 器件结构示意图

SNAP 具有以下特征。

(1)与高反系数的光刻技术(损耗为～0.1 dB/cm)相比,SNAP 技术具有超低损耗,仅～10^{-5} dB/cm。

(2)没有周期性折射率调制(如光子晶体)产生的周期和慢光,其周期性是由于光纤表面每次自动旋转产生,轴向传播具有慢光特征。

(3)用一维薛定谔方程描述 SNAP,慢光 WGM 沿轴向传输呈转折点、局部量子阱等特点。

(4)通过纳米尺度的直径变化实现光的精确控制,定义局域 WGM 的“势能”。

(5)每个维度上都具有微米尺度,特征轴向波长远大于光的波长,并且具有几十微米的量级,这极大地简化了 SNAP 器件的制造。

假设满足绝热条件,WGM 模式在 SNAP 光纤中沿轴向传播的光场分布为

$$U_{m,p,q}(r)=\Psi_{m,p,q}(z)\Xi_{m,p}(\rho)\exp(\mathrm{i}m\varphi) \tag{1}$$

其中,(z,ρ,φ)是柱坐标系,m 是离散角量子数,ρ 是离散径向量子数,q 是离散或连续轴向量子数。函数 $\Psi_{m,p,q}(z)$决定 WGM 的轴向光场分布,且满足一维薛定谔方程

$$\frac{\mathrm{d}^2\psi}{\mathrm{d}z^2}+\beta^2(\lambda,z)\psi=0 \tag{2}$$

$$\beta^2(\lambda,z)=E(\lambda)-V(z) \tag{3}$$

在式(2)中,能量随波长变化而变化,势能随光纤半径和折射率变化而变化,即有

$$E(\lambda)=-2k^2(\lambda_{\mathrm{res}})\frac{\lambda-\lambda_{\mathrm{res}}-i\gamma_{\mathrm{res}}}{\lambda_{\mathrm{res}}} \tag{4}$$

$$V(z)=-2k^2(\lambda_{\mathrm{res}})\frac{\Delta r_{\mathrm{eff}}(z)}{r_0} \tag{5}$$

$$\frac{\Delta r_{\mathrm{eff}}(z)}{r_0}=\frac{\Delta r(z)}{r_0}+\frac{\Delta n_f(z)}{n_{f0}} \tag{6}$$

$$k(\lambda_{\mathrm{res}})=\frac{2\pi n_{f0}}{\lambda_{\mathrm{res}}} \tag{7}$$

光纤半径和折射率的变化统一反映在 $\Delta r_{\mathrm{eff}}(z)$中。在硅中,损耗系数 γ_{res}很小(小于 0.1 pm),谐振波长 λ_{res}与横向特征值 $\lambda_{m,p}$对应传播常数为 0,即光的轴向传播速度为 0。

SNAP 的一维量子力学原理图如图 133.2 所示。左边表示 WGM 微频谐振腔,中间部分表示凹光纤锥腰,右边部分表示光纤直径逐渐增加部分。用图 133.2 可广泛表示微纳光纤耦合到 SNAP 光纤激发 WGM 的光场分布。

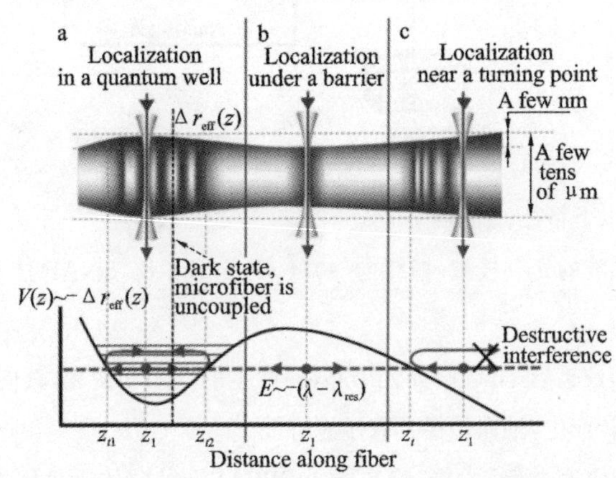

图 133.2 SNAP 器件的基本组成部分

3. SNAP 器件的加工及表征

常用的 SNAP 器件的加工方式有 CO_2 激光加热法、飞秒激光加工法、紫外激光曝光

法等，如图 133.3 所示。CO_2 激光使光纤在退火过程中释放其中的残余应力，从而引起光纤表面半径变化。该方法简单易行，是制作 SNAP 器件的常用方法；但 CO_2 激光的聚焦光斑大，不易制作表面精度更高的 SNAP 器件，且光纤内释放残余应力有限，不能引起更大的直径变化。飞秒激光加工法是近年来新兴的一种加工波导方式，其脉冲持续时间短，峰值功率高，聚焦光斑小，依靠对光纤内部的折射率调制从而引入应力，使光纤表面产生纳米尺度的直径变化。紫外激光曝光法也可制作 SNAP 器件，但需要相位掩膜版，且受光敏性影响。

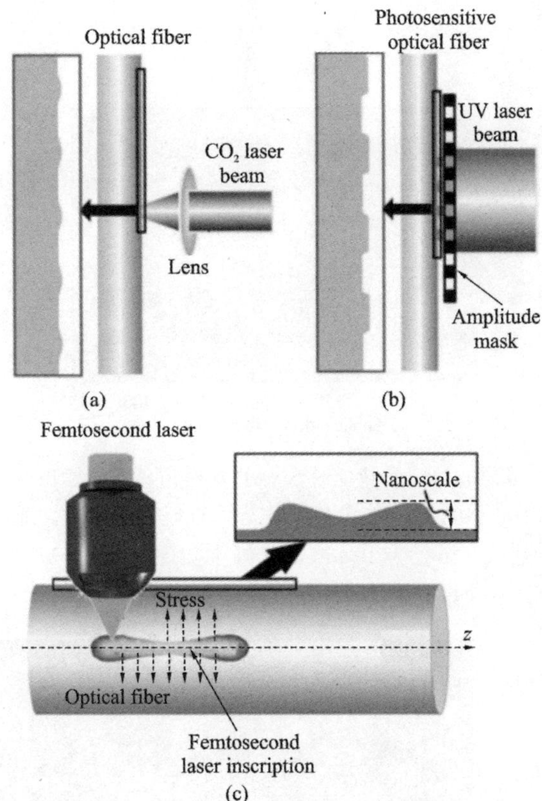

图 133.3　常见的 SNAP 加工方法

SNAP 器件的测量采用微纳光纤逐点扫描法。并可实现亚埃米级的测量精度，锥区 1～2 μm 的双锥光纤垂直接触 SNAP 光纤。锥腰沿 SNAP 轴向周期性靠近，用分辨率高达 1.3 pm 的光谱仪记录每次靠近时的透射功率。每次移动步长为 2 μm，在目前的工作中，已实现 0.17Å 的测量精度，如图 133.4 所示。

SNAP 光纤引起的表面半径变化与波长变化的关系可用下式表示：

$$\Delta\lambda/\lambda_{res}=\Delta r/r_0 \tag{8}$$

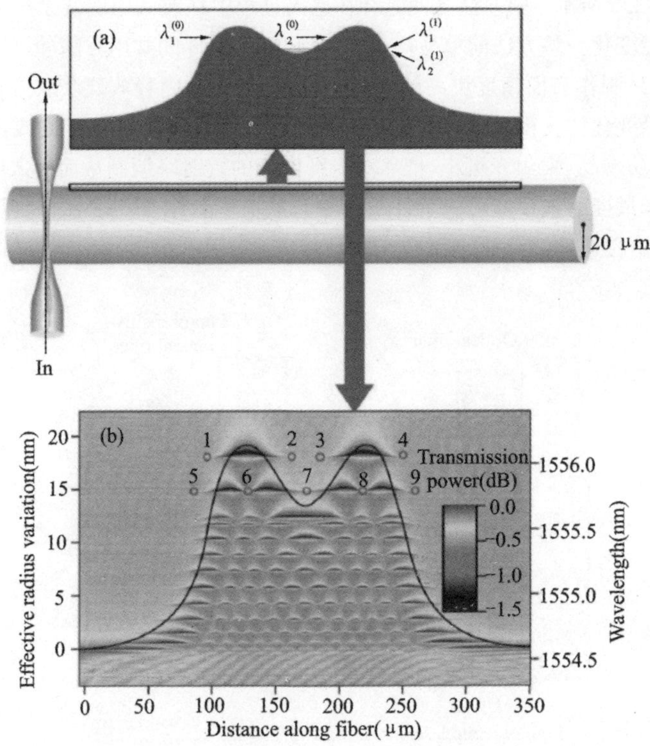

图 133.4　高精度的 SNAP 双频谐振腔示意图

根据记录光谱中漂移的情况则可推算出光纤的半径变化量。通过上述方法，目前可通过 CO_2 激光加热法在半径为 19 μm 的光纤中实现复杂 SNAP 微型谐振腔链的加工，加工精度高达 0.7Å，如图 133.5 所示。

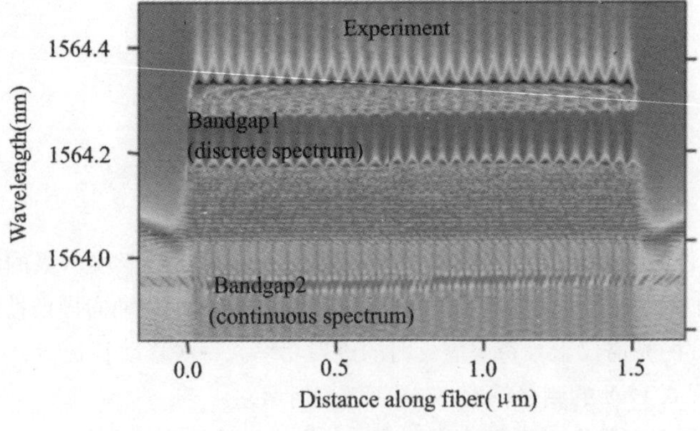

图 133.5　SNAP 微型谐振腔链

4. SNAP 的应用

1)基于 SNAP 的无色散的超低损耗延时线

基于 CO_2 激光加热法，在半径为 19 μm 的光纤内加工 3 mm 长的 SNAP 结构，并改变曝光能量使光纤表面的半径变化呈类抛物线形，总共的半径变化是 8 nm，抛物线部分有效半径变化是 2.8 nm，如图 133.6 所示。此结构产生的时延是 2.58 ns，本征损耗是 0.44 dB/ns。相比硅上集成器件，其时延高 4 倍，损耗低两个数量级，且尺寸更小。这也为光子微器件实现滤波、光转换、激光、延迟光和传感等领域带来新的机遇。

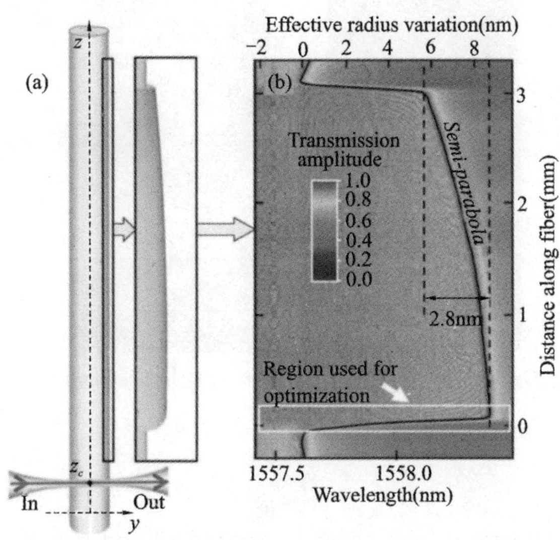

图 133.6　无色散的超低损耗延时线示意图

2)基于 SNAP 的微型光缓冲器件

在光子学中，相关的谐振器(即在脉冲光谱宽度内具有等距离光谱的谐振器)可以用作理想的微型光学增益器，因为它们可以保持光脉冲不失真。与量子力学不同，这种谐振器的实验实现是有问题的，并且在一个维度上仍然没有多大意义，基本上可以基于光子晶体波导、环形谐振器序列和布拉格光栅实现一维谐振结构。为此，这些结构的周期性应适当啁啾，以得到局部精确的等距光谱。然而，类似上述基于折射率的亚波长尺度调制的方法实际实现时，由于加工精度不够和存在明显的光衰减而受到阻碍。这里，SNAP 可实现可调谐简谐势阱，通过脉冲进入腔内前后状态实时改变腔的形状，实现可调谐的 SNAP 光缓冲器件，如图 133.7 所示。

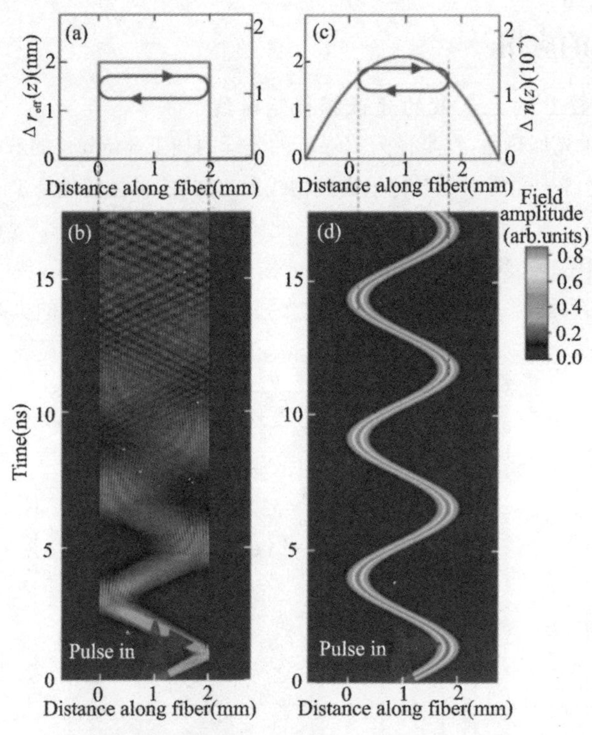

图 133.7 SNAP 光缓冲器件

3)SNAP 产生光学频率梳及光力理论

基于非线性薛定谔方程,理论上提出可以作为宽带和低 RR 光学频率梳发生器的微频谐振器。该谐振器的小带宽和小的 FSR 轴向特征频率序列匹配宽带方位序列,它具有更大的 FSR。因此,谐振谱由一个小的 FSR、一个宽带和等距的特征频率组成。用一个连续波激光或一个小带宽和低重频频率梳的锁模激光来泵浦该微谐振器,即可以产生一个光学频率梳,它同时也是低重频和宽带的,如图 133.8 所示。

4)基于 SNAP 的微流体传感

将 SNAP 应用于毛细玻璃管,可实现 WGM 沿毛细管外表面传输,由于毛细管壁的厚度小,这些模式对邻近内部毛细管表面的介质的折射率的空间和时间变化敏感。特别是,理论证明可从测量的模式光谱中确定毛细管的内部有效半径变化。

该 SNAP 谐振器是通过聚焦的 CO_2 激光对毛细管进行局部退火,然后用氢氟酸进行内部蚀刻而形成的,如图 133.9 所示。这种谐振器在填充空气的情况下的光谱和填充水时的对比,可确定由蚀刻引起的内表面不均匀性。所得结果为传感内部毛细管表面的介质提供了一种创新方法,可广泛应用在微流体传感领域。

5)基于液滴的光纤内部的光场定位

在微流体传感领域,基于 WGM 的光学传感发展迅速。一般认为通过在光纤表面

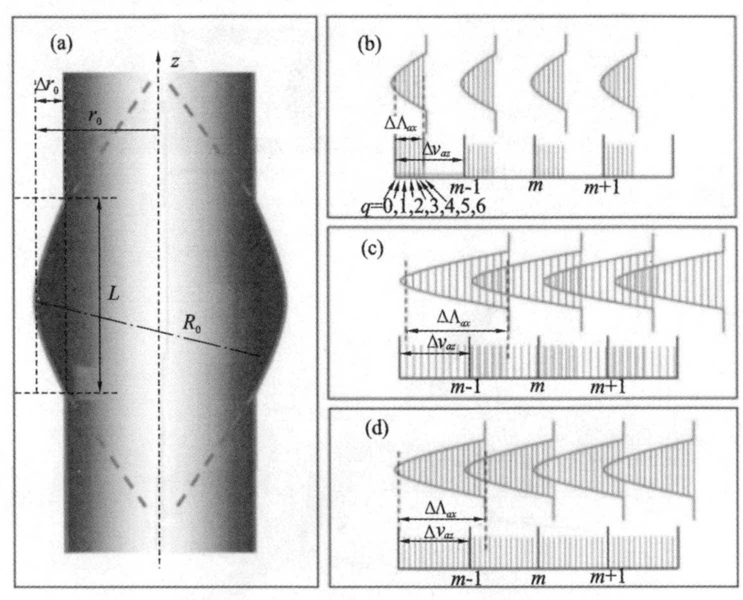

图 133.8　SNAP 产生宽带低重频频率梳

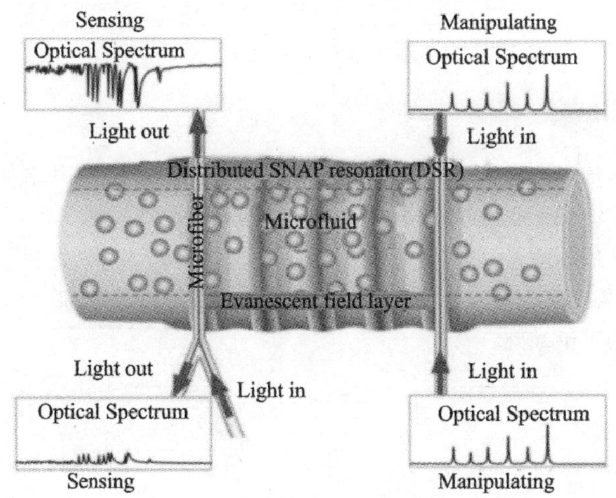

图 133.9　基于 SNAP 的微流体传感示意图

产生纳米量级的直径变化产生 SNAP 并进行表征。近期，我们发现通过毛细管内液体可引入 SNAP 谐振器，不规则液滴与 WGM 形成一个高品质因数的光学微谐振器，同时可表征内部液体介质，如图 133.10 所示。根据在液体填充的光学微毛细管中的光完全定位的现象，我们提出了一种新型的微流体光子器件以及用于微流体表征的超精密方法。

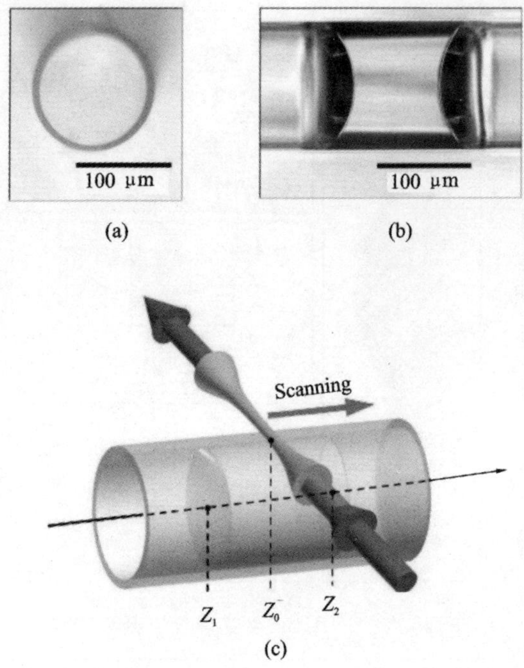

图 133.10　基于液滴的光纤内部的光场定位

5. 总结和展望

SNAP 技术是一种基于光纤表面制造光子回路的新型平台，其表征可达亚埃米精度。与迄今开发的光子制造技术相比，其超低损耗和精度高出两个数量级，在众多研究领域具有极大的应用前景，如片上光学信号处理、微波光子学、光流控、光力学、光学传感等；其丰富完善的理论研究为深入研究慢光、原子捕获和操纵、量子电动力学等量子现象提供丰富的理论基础。

（审核：舒学文）

Evgeny M. Dianov 俄罗斯科学院院士，OSA 会士，IEEE、ACerS、MRS 成员，现任俄罗斯科学院光纤光学中心主任。主要研究领域是激光物理、光纤及非线性光学。发表的学术论文和拥有的专利总数量达到了 800 篇/项。1960 年毕业于莫斯科大学，1966 年获得物理和量子电子学博士学位，1977 年从苏联科学院 P. N. Lebedev 物理研究所获得理学博士学位，1960 年到 1983 年在苏联 P. N. Lebedev 物理研究所从事研究工作，1983 年到 2006 年在俄罗斯科学院物理研究所从事研究工作，2006 年至今在俄罗斯科学院光纤光学中心从事研究工作。曾获得苏联国家奖、俄罗斯国家奖、Vavilov 金奖和 John Tyndall 奖。

第134期

The History, Development and Outlook of the Bismuth-doped Optical Fibers

Keywords: bi-doped fibers, ultra broadband amplification, laser

第134期

掺铋光纤的历史、发展和展望

Evgeny M. Dianov

1. 掺铋玻璃光纤简介

自1960年美国科学家梅曼发明第一台红宝石激光器以来,探寻和制造新型活性激光材料引起了科研工作者的广泛关注。这就使得改善现存激光器的性能或者发明新型激光器成为可能。到1966年,英籍华裔科学家高锟和他的合作者霍克哈姆提出一个新词——传输介质,他们认为可通过提纯原材料制造出适合于长距离通信使用的低损耗光纤。从此,光信息传输技术进入了快速发展阶段。

对稀土掺杂光纤的研究可追溯到20世纪60年代初,但由于离子浓度猝灭的问题一直未得到解决,对稀土掺杂光纤激光器和放大器等器件的研究一直停滞不前。稀土掺杂光纤作为最有效的活性材料之一,由它作为增益介质的激光器在光通信,医学和材料加工等领域有着广泛应用。不过,这类稀土掺杂光纤激光器存在一个问题:不能有效覆盖一些重要波段的近红外光谱。如掺镱与掺铒光纤激光器的光谱范围分别为960~1160 nm和1500~1625 nm,掺铥和掺钬光纤激光器的光谱范围分别为1740~2090 nm和1840~2093 nm,掺铷光纤激光器的光谱范围为915~960 nm和1028~1155 nm。因此,在1160~1500 nm和1625~1740 nm范围的光谱没有被稀土掺杂光纤激光器所覆盖,一定程度上影响了稀土光纤激光器的发展。

目前,商用数据传输系统的速率为每根光纤10 Tb/s,而以实验为基础的传输系统速率每根光纤高达100 Tb/s。随着光通信的快速发展,信息容量需求以每年30%~40%的增长率上涨。在未来五至十年,每根光纤可能以100 Tb/s~1 Pb/s的速率传输信息。要想满足大容量信息传输的需求,一般有两个办法,一个是提高数据传输速度,另一个是拓展系统的传输带宽。因此,扩大带宽成了光纤通信系统急需解决的问题。掺铒光纤放大器有着增益高、噪声小、效率高、损耗低等优点,很快得到了发展,并投入了商用。商用掺铒光纤放大器的有效放大波段为1530~1610 nm,除了这个波段,石英通信光纤的低损耗波段(1300~1700 nm)皆没有相应的放大器。所以,扩大其余光谱的传输带宽,实现高效率的光信号放大,将能大大提高传输速率和降低成本。因此,光纤

带宽拓展的任务迫切而艰巨。

幸运的是，近年来人们发现了掺铋玻璃的超宽带近红外发光，发光范围可以覆盖整个光纤通信窗口。此外铋离子掺杂各种材料与器件也取得了相应的研究成果，前景巨大。

2. 掺铋玻璃光纤的性质特性

虽然铋元素是主族重金属元素，但是它被认为是一种无毒、不致癌的绿色元素。由于它的外层电子未满，很容易失去电子，可形成多种不同价态的离子。这种电子结构使得铋元素容易受晶体场环境的影响，即使是同一种铋元素，当掺入不同的晶体中，也可以发出从紫外光到近红外波段的荧光。

1999 年，K. Murata 等人首次发现了铋离子的近红外发光，他们认为掺铋铝硅酸盐玻璃在不同波长的激发下，发射谱的强度相差无几，但发射谱的波长范围偏移很大。2001 年，Fujimoto 等报道了掺铋铝硅酸盐中的近红外发光现象，并对发光机理进行了探讨。500 nm 波长激光激发下的 1140 nm 处的近红外荧光寿命达到 630 μs，远高于之前报道的铋离子的荧光寿命。2003 年，Fujimoto 等实现了在 800 nm 激光激发下在 1300 nm处的光放大。2005 年，俄罗斯的 V. V. Dvoyrin 等人和日本的 T. Haruna 等人用 MCVD 技术制备了最早的掺铋硅基光纤，氧化铋的浓度不超过 0.1 mol%。掺铋光纤的红外荧光无疑是由玻璃中的铋元素引起的，因为在无铋的玻璃中并未观察到红外波段荧光。有效的增益和激光输出仅存在于低浓度(通常小于 0.01 wt%)掺铋光纤中。同年，E. M. Dianov 等人首次报道了掺铋连续光纤激光器，它由工作波长为 1064 nm 的 Nd:YAG 激光器、一段掺铋光纤及两个布拉格光纤光栅组成。此激光器实现了波长在 1150～1200 nm 的连续激光输出，首次证实了掺铋光纤可以作为有效的激光介质。随后，关于不同基质组分的掺铋玻璃及光纤、激光器和放大器等被相继报道。

铋离子具有多种价态，例如＋5、＋3、＋2、＋1、0，不过所有利用掺铋玻璃组成的材料都是包含 Bi^{3+} 的合成物。Bi^{3+} 和 Bi^{2+} 只能发射可见光，不能产生近红外荧光。大量实验证明近红外荧光的产生是由于 Bi^{3+} 被还原成低价态。在高温下，熔融掺铋玻璃中的 Bi^{3+} 会发生如下的价态变化，过程为 $Bi^{3+} \rightarrow Bi^{2+} \rightarrow Bi^{+} \rightarrow Bi \rightarrow Bi$ 多聚体(Bi_2、Bi_2-、Bi_3，等等)$\rightarrow (Bi)_n$(金属胶体)。但是，由于发生了大量的还原反应，所以这个价态变化的过程很难控制。过多的 Bi^{3+} 被还原和铋多聚体及金属胶体的产生会降低近红外发光中心，并增加光损耗。于是，我们选择了石英玻璃掺铋光纤、氧酸盐玻璃掺铋光纤、硅锗酸盐掺铋光纤、铝硅酸盐掺铋光纤以及硅磷酸盐掺铋光纤进行研究。

实验发现，硅锗酸盐掺铋光纤的损耗最大，约为 0.4 dB/m，铝硅酸盐掺铋光纤的损耗最小，约为 0.001 dB/m。从它们的荧光光谱可知，不同玻璃基质中掺铋光纤的发射峰各不相同，铝硅酸盐、硅锗酸盐和石英玻璃掺铋光纤的谱宽相差不大，峰值波长分别在 1100 nm、1250 nm 和 1400 nm。但锗酸盐掺铋光纤的谱宽比前三者宽约 80 nm，峰值波长在 1685 nm 附近。

迄今为止,关于铋离子近红外活性中心的定义还没有完整的解释。但是,研究人员一致认可在 Bi^{3+} 还原成低价态时,就可以观察到近红外荧光。无论是掺铋玻璃、光纤还是晶体,它们的发光波长都处在 830～1800 nm 范围内。2010 年,E. M. Dianov 猜想铋离子近红外活性中心由 Bi^{2+} 和氧空位组成,而 Bi^{2+} 是由 Bi^{3+} 在还原反应中形成的,同样地,氧空位也是在此过程中形成的。在不同程度上,铋离子还原反应的效率取决于基质玻璃的组分和合成光纤时的温度与气体环境。因此,找到最佳的方法制备理想高效的掺铋光纤很难,各种参数都难以精确控制。

3. 掺铋光纤激光器和光纤放大器

光纤激光器是指应用光纤为基质掺入某些有源离子作为工作物质或利用光纤本身的非线性效应制成的一类激光器。它是一种波导型的谐振腔装置,光波的传输由光纤承担,这种结构其实也是一种法布里-珀罗谐振腔结构。光纤激光器实际上也可被认为是一种波长转换器,在泵浦波长上的光子被介质吸收,形成粒子束反转,最后在掺杂光纤介质中产生受激辐射而输出另一种波长的激光。

2007 年,英国帝国理工学院的飞秒光学实验室成功研制了窄线宽、高功率的掺铋光纤激光器,激光的输出功率达到了 6.4 W,线宽为 0.2 nm。2010 年,I. A. Bufetov 等人利用掺铋光纤制作了一个连续光纤激光器,采用掺镱光纤激光器作为泵浦源,输出功率为 80 W,并在激光器中间添加了一对高反和低反光纤布拉格光栅,输出端使用了色散棱镜,作用是分离泵浦光($\lambda=1070$ nm)和激发的辐射光($\lambda=1150$ nm)。当泵浦光的波长为 1090 nm 时,掺铋光纤激光器在 1180 nm 处的效率最大,即 28%。利用倍频技术可以获得 570～590 nm 的激光,在医学领域有着极大的应用价值。掺铋磷硅酸盐光纤激光器工作波段在 1268 nm。2011 年,I. A. Bufetov 等人通过研究发现,1.23 μm 的泵浦光功率越大,大耦合比输出耦合镜的激光器的输出功率也越大。2011 年,S. V. Firstov 等人把掺镱激光器和拉曼激光器结合在一起用作泵浦源,输出波长和功率分别是 1340 nm和 43 W,经过高反光栅和掺铋光纤后,波长和功率分别为 1460 nm 和 21.8 W,功率减少了约一半。经过不断的系统搭建和工艺完善,在 1340 nm 泵浦激光下,激光的最大的斜率效率达到了 58%,输出功率达到 25 W。2014 年,S. V. Firstov 等人研究了掺铋锗硅酸盐光纤,发现它的净增益最大约为0.92 dB/m。2015 年,S. V. Firstov 等人观察到掺铋连续光纤激光器的输出功率与泵浦功率处于线性变化关系,斜率为 30%。

传统的中继器放大光信号需要进行光电转换、电放大、重定时、脉冲整形以及电光转换的过程,但是对于高速多波长系统就会遇到电子转换速度受限。光放大器是一种不需要经过光电信号转换,就能直接放大光信号的一种器件。光放大器可以分为半导体光放大器和光纤放大器,光纤放大器又分为掺杂光纤放大器和非线性光纤放大器。掺铒光纤放大器是目前商用最广泛的光纤放大器,不过由于铋离子的超宽带放大特性,

掺铋光纤放大器也引起了大家的关注。

2008年,E. M. Dianov等人制作了第一台掺铋光纤放大器。2009年,E. M. Dianov等人研究了1320 nm波段的铋掺杂的磷锗硅酸盐光纤放大器,最大增益为24.5 dB,增益带宽为37 nm,饱和输出功率接近10 mW,噪声系数最低为5 dB。这个增益系数远低于掺铒光纤放大器的增益系数,因此掺铋光纤放大器需要更深入的研究。2011年,M. A. Melkumov等人报道了一种利用拉曼光纤激光器作为泵浦源的光纤放大器,当泵浦功率为180 mW时,放大器的增益最大为35 dB。但是,此时的增益谱不平坦,泵浦功率为35 mW时的增益谱最平坦。他们选取了功率为65 mW,波长为1310 nm的激光器用作泵浦源,放大器的增益带宽为40 nm,噪声指数为6 dB。2016年,V. M. Paramonov等人搭建了一种新的铋掺杂的可调谐连续光纤激光器,采用的光纤为长度65 cm的锗硅酸光纤,工作范围覆盖了1360～1510 nm,输出功率在25～50 mW。同年,S. V. Firstov等人报道了工作波长为1720 nm的掺铋光纤放大器,当泵浦源功率为300 mW,中心波长为1550 nm时,增益最大为23 dB,噪声系数不小于7.5 dB。2017年,S. V. Firstov等人报道了铒铋共掺硅锗酸盐光纤放大器,增益高达42 dB,在波长大于1600 nm的波段,增益谱非常平坦,放大器带宽约为175 nm,且增益平坦度小于3 dB。总的来说,此放大器的光谱性能优良。

4. 总结

掺铋光纤是近红外激光器和光纤放大器中的一种新的有前景的活性介质,在1150～1800 nm的光谱区域有极大的应用价值。在铋掺杂的锗硅酸盐光纤中,铋离子的存在形式为Bi^+和氧空位。我们对掺铋可调谐连续光纤激光器进行了大量研究,研究发现:在掺铋硅锗酸盐光纤激光器中,在GeO_2浓度较低的情况下,获得的光谱范围在1366～1507 nm;在GeO_2浓度较高的情况下,获得的光谱范围在1655～1775 nm。研究获得了铋铒共掺的锗硅酸盐光纤放大器,光谱范围在1515～1575 nm。但是,掺铋材料中还存在很多问题亟待解决。例如,如何在超低铋掺杂浓度下(≤0.01%)实现有效激光输出,铋离子近红外荧光中心的起源是什么,怎样去克服基质材料中高掺铋引起的离子团簇,等等。这就需要更多的基础研究来解决,以提高掺铋激光器和光纤放大器的效率,最终实现应用。

(记录人:赵若兰　审核:杨旅云)

苑立波　桂林电子科技大学教授，博士，博士生导师。中国光学学会理事，国际光纤传感器学术会议 TPC 共同主席(OFS-25)，中国光学学会纤维与集成光学专业委员会副主任、常务委员，中国光学学会光电技术专业委员会副主任、常务委员，中国光学工程学会光纤传感技术专家工作委员会暨中国光纤传感技术及产业创新联盟常务副主席，国家自然科学基金委员会第十三届信息科学部专家评审组成员，国家科学技术奖评审专家，*Chinese Optics Letters*、*Applied Optics* 等期刊 Topical Editor。

主持国家重大科学仪器设备开发专项，国家重点基础研究发展计划(973 计划)前期专项，国家高技术研究发展计划(863 计划)项目，科技部国际合作重大项目，国家自然科学基金重大项目(课题)、重点项目、仪器专项等 30 多个项目。获得黑龙江省自然科学一等奖、科技进步二等奖各一项，获得中国光学工程学会创新技术二等奖一项。发表 SCI 收录学术论文 160 余篇，获得国家发明技术授权专利 100 余项，出版学术专著 3 部。

第135期

Specialty Optical Fibers for Micro Particle Manipulation: Optical Tweezers, Hands and Gun

Keywords: mechanical effect of light, optical tweezers based on ring-shaped fiber, optical micro-light hand, optical gun

第135期

纤端光操纵:光镊·光手·光枪

苑立波

1. 光镊的介绍与历史进展

光镊,又被称为单光束梯度力光阱,能对纳米至微米级的粒子进行操纵和捕获,借此可在显微镜下对微小物体(如病毒、细菌以及细胞内的细胞器及细胞组分等)进行移位或手术操作。1969 年,Ashkin 教授通过理论计算认为聚焦的激光能推动尺寸为几个微米的粒子,并实现了用聚焦的氩离子激光使悬浮在水中的透明胶粒(直径0.6～2.5 μm)沿着光轴方向加速推离。他发现接近光束的微粒也出乎意料地被吸入光束中推离。在通过用气泡与液滴反复实验后,Ashkin 认为光束对折射率比周围介质高的微粒具有横向吸力,但对折射率比周围介质低的微粒具有横向推力。1970 年,Ashkin 等首次提出能利用光压(optical pressure)操纵微小粒子的概念。一直到 1986 年,Ashkin 才发现只需要一束高度聚焦的激光,就可以形成稳定的能量阱,能将微粒稳定俘获,这标志着光镊的诞生。在这之后,朱棣文教授更是依靠对光镊技术的深入研究获得了 1997 年的诺贝尔物理学奖。

一束光在强聚焦的情况下,能够形成比较大的数值孔径,就能在焦点附近形成一个梯度力比较大的势阱,微小粒子经过光的动量的相互作用就会前往势阱的中央,这就是光镊形象的描述。传统的光镊是由显微镜来构造的(见图 135.1),因为显微镜一方面能在焦平面捕获微小粒子,另一方面正好能在焦平面进行显微放大,所以说显微镜是传统光镊一个非常好的实验平台。光镊的应用方向很多,比如利用光镊实现细胞的分离或者细胞间的强制融合(见图 135.2)。

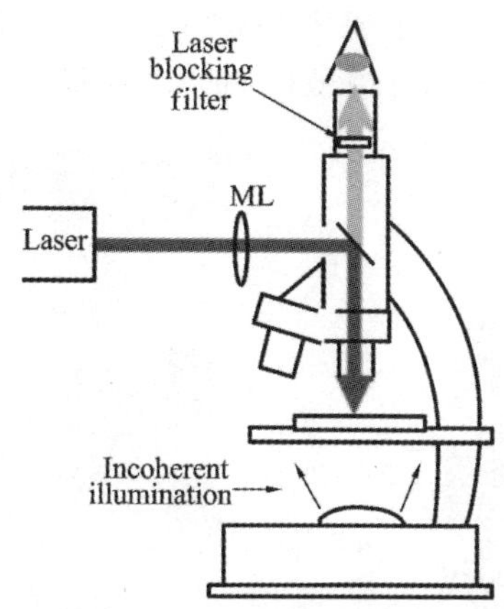

图 135.1　光镊系统示意图

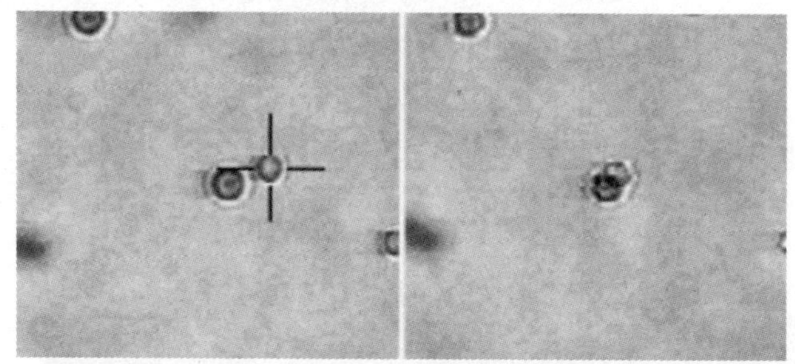

图 135.2　利用光镊实现细胞融合

2. 环形芯光纤光镊

传统的光镊都是由显微镜构造的,这种技术已经比较成熟,但是如果在光镊的制作中,想要获得更多维的操纵效果,需要考虑制作基于光纤的光镊以在显微镜下达到更灵活的粒子操纵效果。同时,这样做的另一个好处是能将显微系统与操纵系统分离开来,尤其是对于液体中的活体细胞、微生物来说,越自由越简单的操纵,效果就越好。而这里用到的是光纤的一个尖端,就能很方便地实现操纵效果。

在 1993 年的 *Opt. Letters* 中,A. Constable 等人首次使用光纤对微粒进行操控,但是由于光纤的数值孔径比较小,所以它对微粒的捕获很难形成三维的光阱,只是相当于在二维依托一个平板(例如盖玻片),在平板的表面上来拖曳微粒运动。2006 年的 *Opt. Express* 中,Zhihai Liu 等人将单光纤做成一个锥体,以形成一个三维的势阱,能够很稳定地捕获微粒。将光纤在熔融状态下拉成锥体,通过仿真发现形成的锥体形状(见图 135.3)能够在光纤尖端得到较大数值孔径的光场,在范围很小的光阱的作用下,就能捕获待操作的粒子。使用这样的环形芯光纤光镊,能够成功地实现对活体酵母菌细胞(5

～30 μm)的捕获(见图 135.4),并且通过对光功率的调控,来实现不同的操纵效果,譬如在高功率的情况下捕获酵母菌细胞,在低功率的情况下释放等。

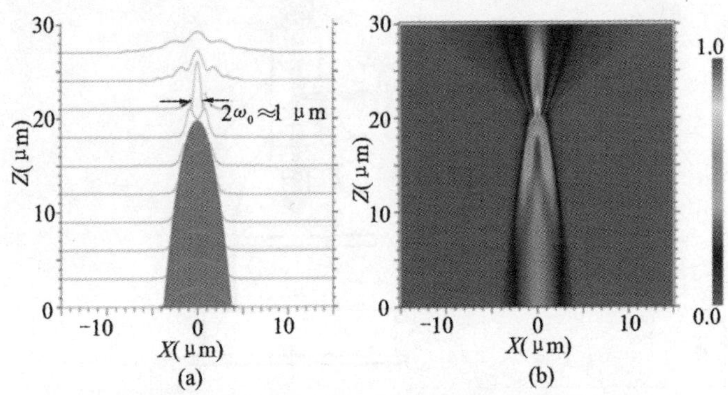

图 135.3　对光纤拉锥的光场仿真

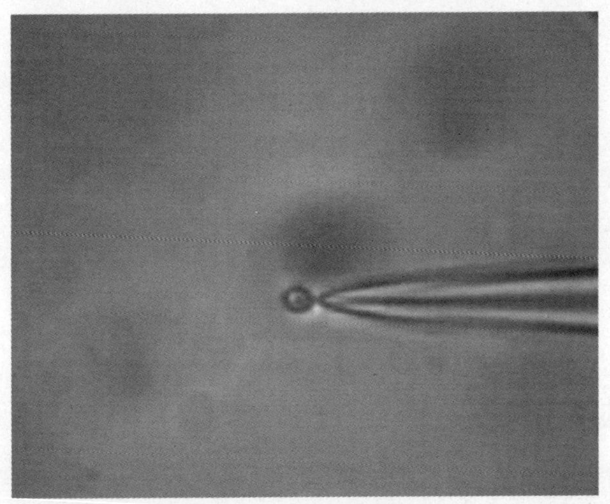

图 135.4　使用环形芯光镊捕获酵母菌细胞

3. 光学微光手

由于光纤纤端就能实现对微粒的操控,而且这样的操纵在液体中也是非常方便的,所以可以使用两根光纤来制作两个光纤光镊,类似于一只手捕获粒子,再交到另一只手上去。考虑这样一个过程,一个光镊加上光捕获粒子,将光功率降低为零的时候再将另一个光镊的光功率提高,达到捕获粒子的功率门槛;这样粒子就从一个光镊转移到了另一个光镊上,实现了对粒子的传递。粒子在两个光镊之间不断交替,就可以实现粒子旋转的效果。同理,两个光镊可以相互配合操控粒子,三个、四个乃至更多的光镊配合也能够达到操控粒子的目的。

考虑到使用单根光纤光镊只能对粒子进行捕获,不能实现对粒子运动的操控,功能略显薄弱,所以寻求能够利用单根光纤实现对粒子方位、状态的操控功能。镊子采用两个臂来夹住物体的结构,如果有三个以上的臂,就能够充分操纵粒子,这样就提出光学微光手的概念。手在抓住一个物体时,改变不同手指的力,就能操控物体沿不同的轨迹以不同速度运动,可以任意调控物体的方位。将这样的结构类比到光纤中,就考虑到了多芯光纤的应用,用多芯光纤实现对粒子的操控,就能达到上文所述光学微光手的效果。当然,这里所说的光学微光手的概念并不是说通过设计能够使单根光纤实现类似于手的各种效果,现实中手的温度感知、压力感知等效果都无法实现,只是说,在单根光纤操纵下,实现了类似于手能做到的各种力学效果,就将其称为光学微光手。

在最初的方案构思中,将多芯光纤磨成一个锥体,纤端的光束会发生偏转,形成一个组合的光束;在之后的验证中发现,多光束组合的数值孔径比较小,致使操控的力不够大。因此发展不同的多芯光纤,需要引入对光纤纤端进行研磨的系统。通过对光纤纤端的研磨来改变组合光场,使实际光场与理论光场相匹配,达到光学微光手效果。通过对不同芯的功率进行调配,就能实现粒子三维空间调控的效果。将双芯光纤纤端拉成一个角度变化比较快的锥体,通过双光束的组合,就能形成一个比较强的光阱,在纤端捕获微小粒子。通过对纤端的光场进行仿真,发现在双芯光纤的光场中有两个势阱,两个势阱通过改变不同纤芯光功率进行调控。将双芯光纤与单芯光纤焊接起来,在焊点处进行熔融拉锥,单一光束就能像通过耦合器一样形成两束光;再对双芯光纤进行二次拉锥,这样在双芯光纤的内部就形成了一个马赫-曾德尔干涉仪;对马赫-曾德尔干涉仪的光程进行调整,这样就能实现对两个纤芯端光束功率的调控。另外一端拉成锥体,两束光在光纤端就能形成大的数值孔径,这样就能实现捕获并操控三维空间中的微小粒子(见图 135.5)。双芯光纤可以这样做,三芯、四芯光纤也可以这样做,所以之后发展了基于三芯四芯光纤的微光手。

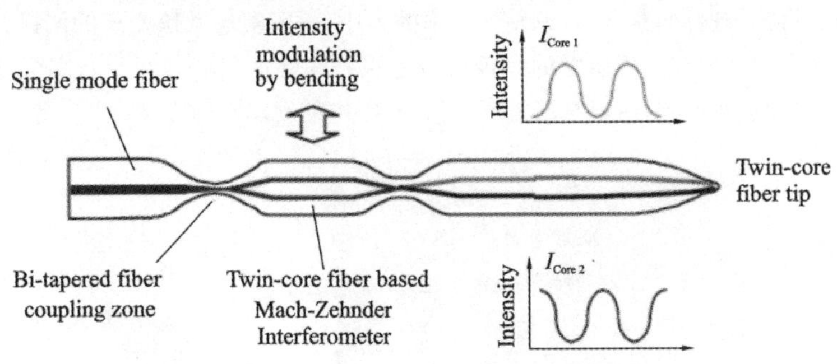

图 135.5　双芯光纤光学微光手结构

用多芯光纤的情况下,通过理论分析发现其不是将纤端做成一个锥体,而是一个锥台,光束经过锥台表面先进行一次反射,再进行一次折射,这样多光束组合的数值孔径才比较大,在光纤端能构成光学梯度力比较大的势阱,以使用多光束来操控捕获到的粒子。对三芯光纤进行锥角研磨之后,较难形成比较大的数值孔径,所以否决了这种方案,采用之前说到的锥角圆台的方案,就能达到比较好的效果(见图 135.6)。

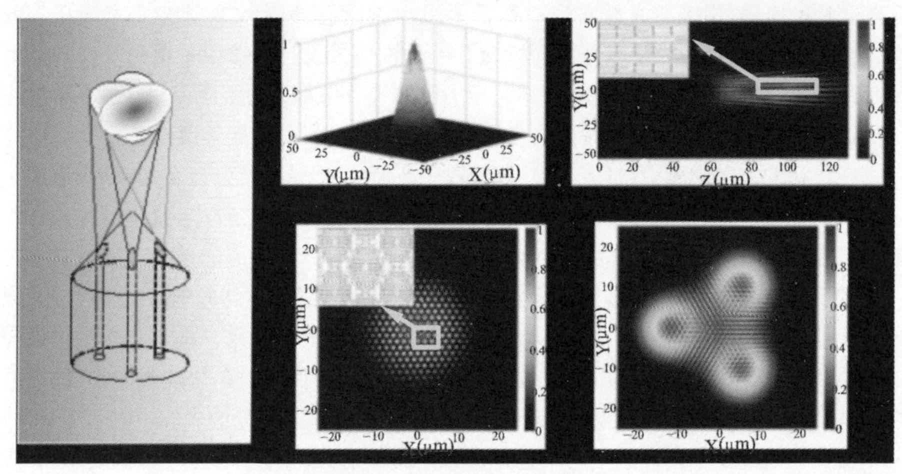

图 135.6　三芯光纤光场仿真

采用四芯光纤也能实现上述所有功能。除此以外,四芯的光束还能进行一些组合,例如,在研磨的时候让四个芯的角度不同,这样就能形成两组光镊,两组光镊焦点可以不在一起,这样就能对粒子进行前后两个势阱之间的一些调控;以此类比,通过多芯光纤进行不同的组合,也可以形成很多种其他性能的光学微光手。将四芯光纤的四个纤芯做得比较靠近,然后使光纤端呈现椭球状,在光纤端就能形成组合的光学势阱;这样的势阱在对粒子进行捕获之后,调整光功率的大小,就能实现微粒姿态的调控。在实验中,使用光学微光手对椭球微粒的操控得到了很好的验证(见图135.7),完全球体的旋转效果很难被观测得到,所以选择椭球状微粒,很容易发现它的旋转。

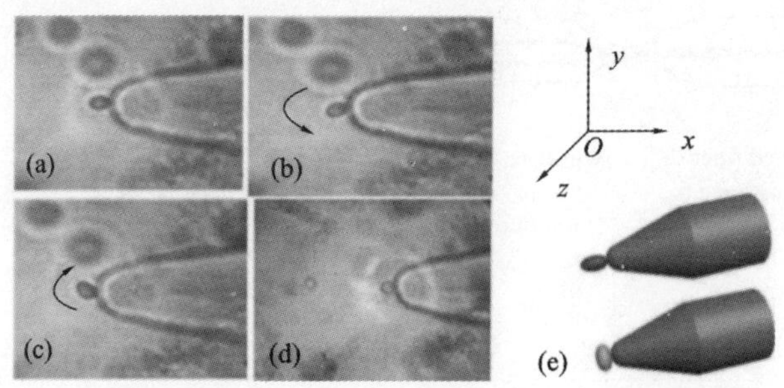

图 135.7　光学微光手对椭球细胞进行操控

4. 光枪

除了上文中提到的光纤光镊和光学微光手的结构,我们还构思了一种类似于枪的光枪结构。在给光纤高的光功率以达到捕获粒子的目的之后,被捕获的粒子周围的温度就会不断上升。如果采用的粒子是活体细胞,就有可能杀死细胞,所以采用环形芯光纤,把它的纤端磨成锥体圆台的形状,就能将光耦合到环形芯光纤的纤芯中;通过锥体圆台之后就能形成聚焦,之后对聚焦的数值孔径进行控制。理论情况下这些都是基于基模的结果,但实际情况下光纤中是有多个模式存在的。在多模的情况下,光纤纤端还是有很好的光学势阱形成,所以对于多模依然成立。实验中将环形芯光纤磨成锥体圆台的形状,使用绿光作为光源,在液体中加入散射粒子,所以就能通过散射看到光束是如何汇聚的图像。借用这一种方式,就能以很低的光功率捕获住很大的球体,并拖动它来回移动,例如对聚苯乙烯小球(直径 30 μm)的捕获(见图 135.8)或者强制多个细胞融合。

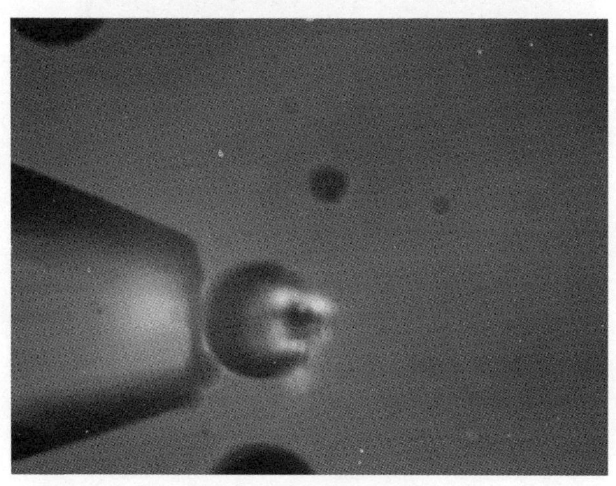

图 135.8　捕获聚苯乙烯小球

有了这样的基础之后,就考虑在环形芯光纤的中央再加入一根纤芯,这样的同轴双波导光纤结构是很容易实现的。有了这样的新光纤之后,就能构思更多的光纤结构与操控效果。例如,使用这种光纤的环形芯部分将粒子捕获,再用中央的纤芯将粒子发射出去,这就是光枪的想法。普通的枪有三元素,分别是枪筒、子弹、推力,将这三要素类比到同轴双波导光纤中,使用环形芯对微小粒子进行捕获,这样的过程类似于装弹上膛;然后给中间的纤芯一束功率比较高的光,这就是能把微小粒子推出去的推力,这样就能实现光枪的功能。之后的实验对同轴双波导光纤的纤端进行研磨,最终实现了这样的效果。在实际操作中,难点部分在于对环形芯注光,对单芯和环形芯进行侧面剖磨后进行耦合对接,这样环形芯和中央纤芯都能独立地注入光束。在实际操作中,使用同

轴双波导光纤对聚苯乙烯小球进行捕获并发射(见图 135.9)。这样的光枪效果是不错的,但是之前提到的三要素中枪筒并没有体现出来。对产生推力的光场和粒子轨迹进行分析(见图 135.10):已知粒子在液体中被推送的过程中会受到名为斯托克斯拖曳力(与速度相关)的阻力作用,所以光枪将粒子发射出去的过程中也会受到这样的阻力作用;粒子速度先递增后减小,高斯光束推动粒子向前运动的过程中,由于高斯光束的中间部分光强最高,粒子有向光功率高的地方去的趋势;所以推动粒子向前的光束不仅提供了推力,还起到了约束粒子运动轨迹的作用。这就是枪管的形成原理,这样整个光枪就构造完全了。

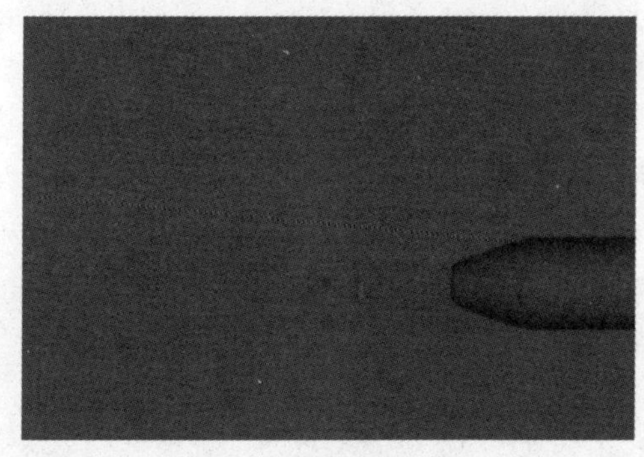

图 135.9　光枪发射粒子

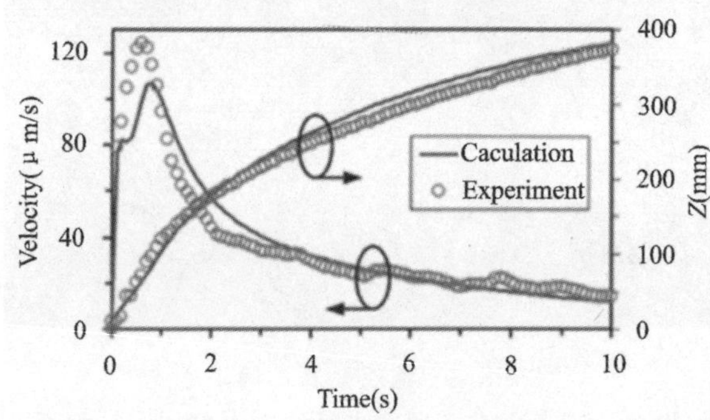

图 135.10　粒子位移与速度分析

最后做一个小结和展望。本次报告对基于光纤的光镊、光学微光手和光枪做了介绍。组内做这样的工作从 2004 年至今已经有十几年,其间还尝试过用艾里光束这样的特殊光束来做,也能够实现捕获和操纵的效果。操纵粒子只是第一步,用这样的工具来测量细胞内部的信息就是对它应用的一种展望;同时需要探索新的应用,才能通过学科交叉的需求来促进光力微操控的发展。

(审核:苑立波　王健)

官建国　博士，教育部长江学者特聘教授，武汉理工大学材料学科首席教授、材料科学与工程国际化示范学院教学院长、博士生导师，国家级“新世纪百千万人才工程”人选，湖北省高端人才引领培养计划首批人选，享受国务院政府特殊津贴，兼任中国微米纳米技术协会理事以及微纳执行器与微系统分会副理事长、中央军事委员会装备发展部某专家组成员等。*Nanomaterials*、*Micromachines* 和《航空制造技术》等期刊编委，国家科技奖励、国家高层次人才特殊支持计划和“长江学者奖励计划”、国家高技术研究发展计划(863计划)、国家重点研发计划和国家自然科学基金项目评审专家。先后承担国家级重要科研项目 30 余项。多项成果产业化，被纳入国军标，工程应用于国家重点型号装备。在 *Chem. Soc. Rev.*、*Adv. Mater.*、*Angew. Chem. Int. Ed.*、*Nano. Lett.* 等期刊上发表 SCI 论文 210 余篇，获授权国家发明专利 34 项。作为会议主席，多次举办国际或全国学术会议。已获省部级科技和教学成果一等奖 4 项以及“高技术武器装备发展建设工程有功个人”等荣誉。

第136期

Self-propelled Micro/nanomotors

Keywords：micro/nanomotors，biocompatibility，Mg-based micromotors，functionalized sperm micromotors，light-controlled MNMs

第136期

自驱动微纳米马达

官建国

1. 微纳米马达简介

自驱动微纳米马达(micro/nanomotors,MNMs)是一种能够将其他形式的能量转化为动能产生自主运动的微纳米器件。由于微纳米马达具有独特的运动特性,可在液相介质中装载、运输和释放各种微纳米货物,因此能给药物主动运输、生物传感、细胞分离、微手术和环境治理等领域带来变革性的应用。

对于药物主动运输,微纳米马达给药系统具有诊断识别能力、自主定向运动特性,即通过检测血液里面的组成来决定运动方式,利用自主运动能力直奔目的地,能够直接穿透细胞膜进行给药,从而实现精准的药物供给,且这种方式的毒副作用基本很小。对于细胞分离,微纳米马达可以把坏的细胞从生物体中拉走,释放到体外。对于微手术,微纳米马达可以在微纳米尺度上对细胞进行修复。对于水体污染物,可以在微纳米马达上装载光催化材料或者吸附材料,使得这些材料能够像鱼一样自主运动,从而达到大面积净化水体的作用。不仅如此,微纳米马达还可以帮助我们阐明自然界的一些群体现象,诸如成群结队的鱼群、羊群,等等,甚至可以透过这种非自然微纳米群集现象,去解释人类社会进化的诸多现象。

微纳米马达的自驱动机理大概分为四大类,分别是自电泳、自扩散、气泡推动、表面张力差。传统的自驱动微纳米马达面临的挑战主要有:(1)需要过氧化氢、酸、碱、溴或者碘水溶液作为燃料,这些不仅仅有毒且生物相容性差;(2)结构复杂,制备过程烦琐并且难以宏量合成;(3)运动精确控制难,不具有智能特性等。针对这些问题,我们首次提出的生物相容性镁基微纳米马达和在生物和环境介质中具有本征趋化运动行为的功能化精子微纳米马达,并且演示了包括"双面神"粒子、单层管状和各向同性粒子等各种结构的光控微纳米马达。

2. 生物相容性微纳米马达

在人体中,金属镁(Mg)是生物相容性材料,并且是可以作为金属植入物的生物降

解材料。Mg^{2+}，作为人体中含量第4丰富的离子、300多种酶的辅因子，是许多组织和器官正常运作的必要条件。铂是生物介质中具有很高稳定性和高度相容性材料。在这里我们展示了一种新型的由镁水反应驱动的血液相容性Mg/Pt"双面神"微纳米马达。在Mg/Pt"双面神"微纳米马达中，暴露在表面的Mg与水反应迅速形成氢氧化镁钝化层，然后这个钝化层被碳酸氢钠($NaHCO_3$)水溶液溶解(见图136.1)。因此，Mg和水之间的反应能连续不断地进行，产生定向的氢气气泡提供推动力。Mg/Pt"双面神"微纳米马达通过从水燃料中获取能量来进行自主运动。与水驱动的Al-Ga/Ti"双面神"微纳米马达相比，Mg/Pt"双面神"微纳米马达对有机体是友好的，可为药物传递和细胞分离等重要的生物医学应用提供保障。

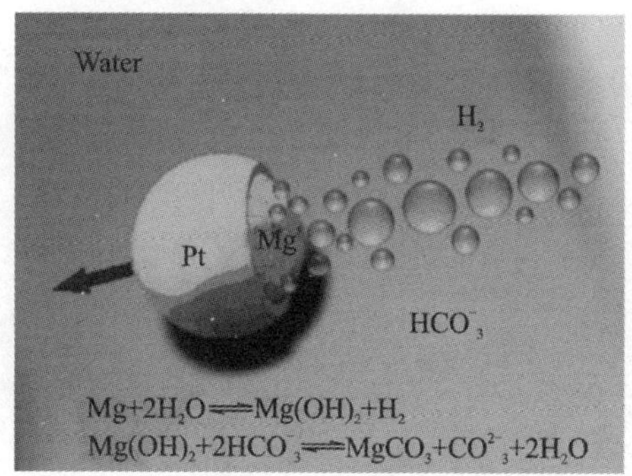

图136.1　Mg/Pt双面神微纳米马达

在此基础上，我们制备出Mg/Pt-Poly (Nisopropylacrylamide) (PNIPAM)"双面神"微纳米马达，这种微纳米马达在模拟体液或者血液中是生物友好的。氯离子的凹坑腐蚀和模拟体液或者血液的缓冲作用在去除氢氧化镁钝化层加速$Mg\text{-}H_2O$反应以产生氢气推动力时起着重要的作用(见图136.2)。此外，通过利用部分表面附着的温敏性PNIPAM水凝胶层，Mg/Pt-PNIPAM"双面神"微纳米马达可以有效地摄取、输送和通过温度控制释放药物分子。微纳米马达上的PNIPAM水凝胶层可以很容易地被其他响应性聚合物或抗体所替代，使得微纳米马达在分离和检测重金属离子、有毒物质或蛋白质等方面具有很大的潜力。

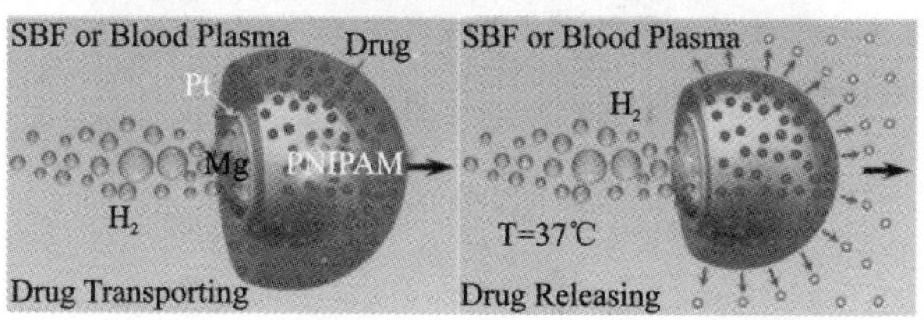

图136.2　Mg/Pt-Poly (Nisopropylacrylamide) (PNIPAM)"双面神"微纳米马达

3. 光控微纳米马达

目前为止,人们发展了许多外场驱动的微纳米马达,这些外场可以是电场、磁场、超声场以及光场。其中,光控的微纳米马达具有得天独厚的条件,它既不需要导线也不需要复杂的结构。在我们最开始接触这个领域时,尚没有出现光控微纳米马达。我们基于光催化反应发展第一个基于气泡驱动的光控启停微纳米马达。利用二氧化钛粒子和金构成了一个"双面神"结构,放在双氧水中,当光照射时,TiO_2/Au"双面神"微纳米马达开始运动,去掉光源,微纳米马达停止运动,从而实现光控微纳米马达启停。光催化反应与光照强度是有关的,可以根据光照强度控制微纳米马达的运动速率(见图136.3)。

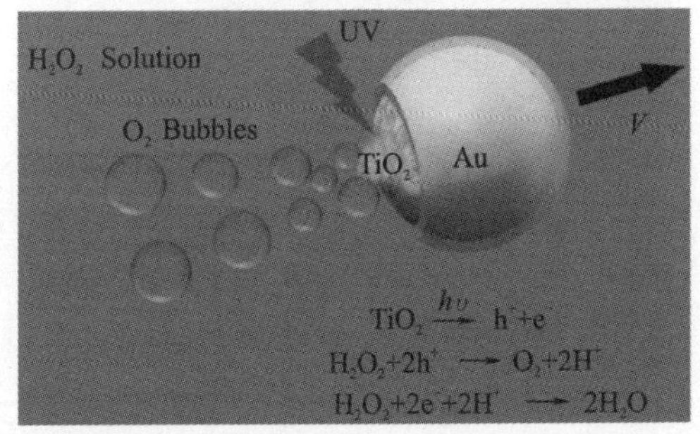

图 136.3 TiO_2/Au"双面神"微纳米马达在 H_2O_2 溶液中紫外驱动运动的示意图

除了能控制运动速率之外,我们还发现,随着光催化反应的进行,这个微纳米马达会出现一边带正电一边带负电的现象。利用这个电荷分离特性,通过控制光场,我们实现了对这些粒子聚集分散的有效控制,从而发展了一种新型的环境治理技术(图 136.4)和实现了动态胶体粒子组装(图 136.5)。

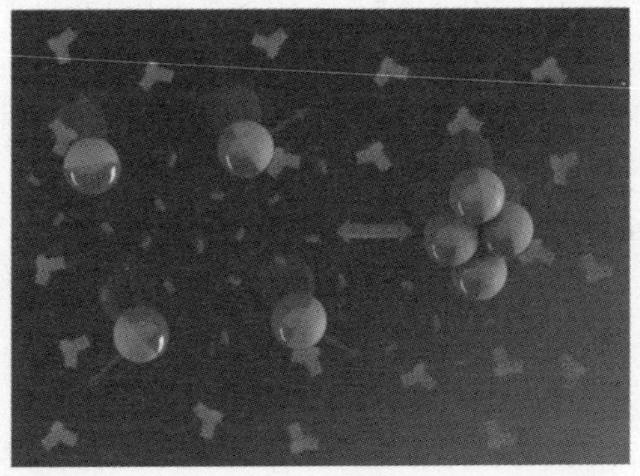

图 136.4 光控微纳米马达分散聚集示意图

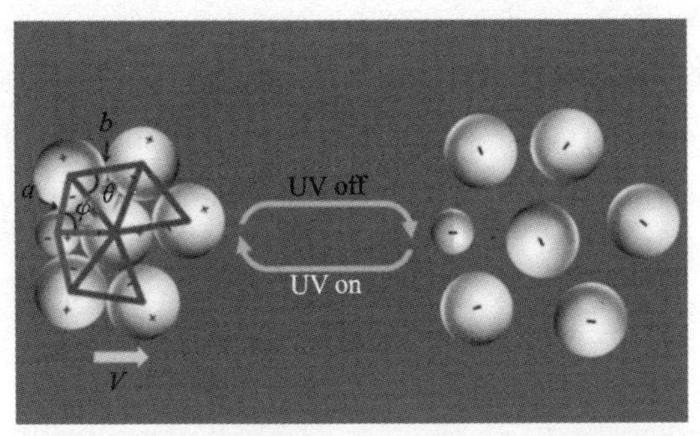

图 136.5　由光控“双面神”微纳米马达操纵动态胶体分子

4. 简化微纳米马达制备技术

目前为止，我们做的微纳米马达还都停留在“双面神”的结构上，这种结构的微纳米马达的制备工作大多比较复杂。因此，如何简化微纳米马达的制备工艺是我们所要攻克的又一难题。能不能做出单一组分、结构简单、能大量制备的微纳米马达呢？沿着这个思路，我们做了如下工作：利用纺丝的方法来制备二氧化钛微米管。首先，通过纺丝方法制备大量的二氧化钛微米管，实现了二氧化钛微米管的量化制备工艺；然后，通过控制管长和中空的尺寸实现了二氧化钛微米管的自驱动。尽管这个粒子是一个单组分的材料，它还是可以从管内释放出气泡的。这样，我们就发展了单组分二氧化钛管式微型马达。并且通过模拟得知其运动机理：微米管外表面产生的氧会快速扩散到溶剂中，而管内的氧在一个受限的空间中，达到毫秒级别时它会成核，进而产生气泡，产生的气泡就会给管状二氧化钛以驱动力，从而实现单组分微型马达的自驱动。

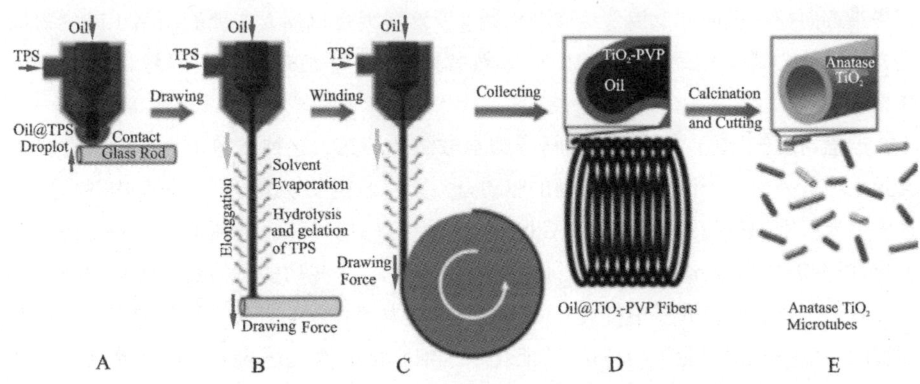

图 136.6　通过干法纺丝方法和最后煅烧来制备二氧化钛微管示意图

随后，我们还发展了简单的化学合成方法，即分散在水中的有机液滴原位溶剂蒸发诱导纳米粒子组装法，制备了罐状中空 $MnFe_2O_4$ 磁性微马达。对于这种简单的罐状

$MnFe_2O_4$微马达(图 136.7),它在 H_2O_2溶液中催化产生的氧分子能在内凹表面形成并生长气泡,氧气泡从开孔处连续喷射出去进而为其提供推动力。这种微马达不仅能够在水介质中自主移动,还可以通过外部磁场对其运动速度和方向进行控制。这种微马达的一大优势是,无须进一步的表面改性,就能直接应用于除去环境中的油污。

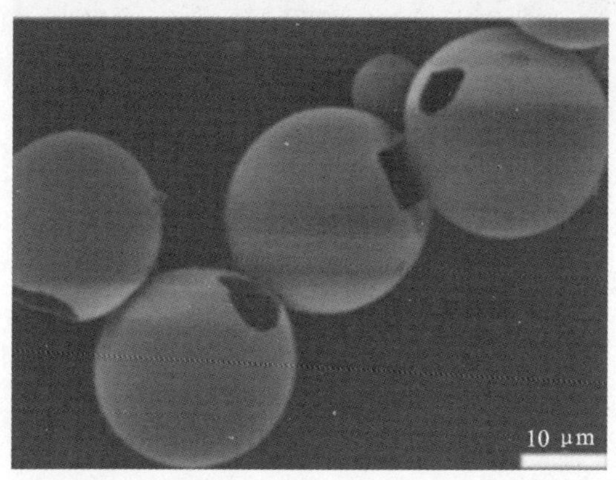

图 136.7　$MnFe_2O_4$微马达示意图

5. 功能化精子微纳米马达

此外,我们在微生物微纳米马达领域也进行了一定的研究。众所周知,精子细胞是一种特殊的雄性生殖细胞,存在于从无脊椎动物到高等脊椎动物的各种物种中,是一种优秀的生物微型泳者。最近的研究表明,将精子加载到管状或螺旋状磁结构中,它们能够提供方向控制进而开发混合型微型机器人。这些混合机器人主要利用精子的生物推进力作为动力源。然而,精子细胞的天然智能特性,特别是其内在的趋化特征尚待探索。

这里,我们报道了一种功能化精子细胞微纳米马达。这种微纳米马达以具有智能自导生物行为的精子细胞作为运动的驱动力。天然的精子细胞可以通过其内吞作用被许多纳米级别的负载功能化,例如 CdSe/ZnS 量子点、包裹的盐酸阿霉素的氧化铁纳米颗粒,以及被荧光素异硫氰酸酯修饰的 Pt 纳米粒子。这些功能化的精子细胞微纳米马达在各种生物和环境介质中都具有可控的群集行为和有效的自我推动能力。作为一类新型的环境响应型智能生物马达,功能化精子细胞微纳米马达的运动速度控制是通过变化的渗透压改变鞭毛长度实现的。这种功能化精子细胞微纳米马达可以具有高的载药能力和响应性释放能力。同时,搭载药物的运输能通过精子细胞的内在驱动作用来引导。因此,功能化精子细胞作为智能微纳米马达为其在多样化的生物医学和环境领域的应用提供了可能(见图 136.8)。

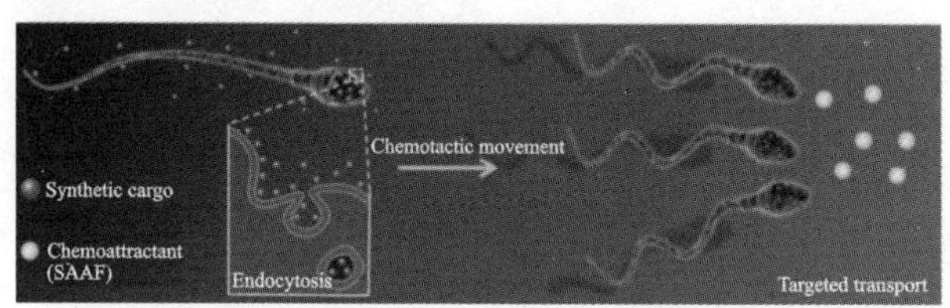

图136.8　功能化精子细胞微纳米马达装载和工作示意图

最后做一个总结:本文主要介绍了生物相容性的 Mg/Pt 微纳米马达、模拟体液-血液驱动微纳米马达、瞬态微马达、非晶 TiO_2/Au 微马达、水燃料 TiO_2/Pt 微马达、动态胶体分子、单层 TiO_2 微型引擎、单层磁性微马达以及各向同性有机微马达,等等。同时我们也在生物微纳米马达以及具有主动给药能力的微纳米马达等面向生物医学应用领域的方向上做了一些初步探索研究。在未来,我们希望能在此基础上取得更好的成果以及应用。

(审核:官建国　陈炜)

蔡阳健　山东师范大学物理与电子科学学院院长，教授，博士生导师。国家杰出青年科学基金获得者，全国百篇优秀博士学位论文获得者。2000 年毕业于浙江大学物理系，获物理学学士学位；2005 年毕业于浙江大学物理系，获物理学博士学位；2006 年毕业于瑞典皇家工程学院，获电磁场理论专业博士学位；2003—2004 年，香港浸会大学物理系交流博士生；2006—2009 年，在德国爱尔兰根马普光学研究所（原爱尔兰根马普光学研究组）从事博士后研究，并获德国洪堡基金；2009 年被聘为苏州大学特聘教授；2013—2015 年，担任国家自然科学基金委员会物理一处流动项目主任；2016 年入选江苏特聘教授；2018 年被聘为山东师范大学物理与电子科学学院院长。

长期从事光场调控及应用的基础研究，在权威刊物发表 SCI 收录论文 270 多篇，发表邀请综述论文 7 篇，英文专著章节 2 章，获发明专利授权 11 项。曾获教育部高等学校科学技术奖自然科学奖二等奖、浙江省高校优秀科研成果奖一等奖、江苏青年光学科技奖等奖项。主持国家杰出青年科学基金项目、新型光场调控物理及应用重大研究计划重点项目、国家自然科学基金面上项目及青年项目、全国百篇优秀博士学位论文专项基金等项目。入选“2010 年江苏省十大青年科技之星”，2014—2017 年连续 4 年入选 *Elsevier* 发布的“中国高被引用学者榜单（物理学和天文学）”，入选 2017 年美国光学学会杰出审稿人。担任中国激光杂志社青年编辑委员会副主任、全国光学青年学术论坛第二届主席团副主席。

第137期

Research on Manipulating Spatial Coherence of Laser Beam

Keywords: spatial coherence, manipulation coherence structure, correlated imaging, self-reconstruction

第137期

激光相干性调控研究

蔡阳健

1. 背景介绍

自1960年第一台激光器诞生以来,激光作为全新的光源在工业、军事、科研等领域以及日常生活中得到了广泛的应用,对社会进步、科技发展起到了重要的推动作用。随着激光应用领域的不断拓展,人们对其性能需求也日益多样化,因此研究如何调控激光光束的特性显得尤为重要。一般认为,激光光束的可调参量包括光强分布、波长/频率、偏振、相位等。在过去的几十年中,对以上参量调控的研究衍生出了许多新兴学科,包括微纳光学、变换光学、二元光学、信息光学以及与其他学科交叉的新兴学科。

激光的诞生促进了相干光学的快速发展。高相干性是激光光束的重要特性,在激光器发明之前一般认为低相干光束发散角大、方向性差、能量不易集中,激光器的发明解决了这些问题。当人们利用一定手段适当降低激光相干性时,光束不仅能够很好地保持激光束单色性、高亮度、高方向性等优点,而且在一些应用领域中,这种低相干性激光束具有一定优势。低相干性激光束通常称为部分相干激光束,高斯-谢尔模型(GSM)光束是最典型的部分相干激光束,它的光强分布以及相干函数分布都为高斯分布。GSM光束模型从提出至今,涌现出大量关于它产生、传输及应用的研究论文。这些研究表明,部分相干光束和传统的高相干性激光束相比,在很多应用中具有独特的优越性。比如,部分相干光束用于激光核聚变能够有效克服散斑效应,在自由空间光通信中能够降低比特误码率提高信噪比并且能够实现经典"鬼"干涉、"鬼"成像、非干涉相位成像以及相干衍射成像等。此外,部分相干光束在非线性光学、远程探测、近场光学、量子光学、纵向场整形、图像加载和传输领域都具有一定的优势。

2. 部分相干光束相干结构调控

通过降低传统高相干性光束的相干性可以获得部分相干光束。对光束的相干性进行调控的方法主要可以分为两类,一是通过在激光谐振腔外添加光学元件来调控激光

相干度大小，二是通过在激光谐振腔内放置光学元件来调控激光相干度大小。

GSM光束是传统的部分相干光束中很重要的一种。它在光源平面上的交叉密度函数表达式为

$$W(r_1,r_2)=\exp\left[-\frac{{r_1}^2+{r_2}^2}{4{\sigma_1}^2}-\frac{(r_1-r_2)^2}{2{\sigma_g}^2}\right]$$

光源光强分布为

$$I(r)=\exp\left[-\frac{r^2}{2{\sigma_1}^2}\right]$$

相应的光源面上的相干结构分布为

$$\mu(r_1-r_2)=\exp\left[-\frac{(r_1-r_2)^2}{2\sigma_g^2}\right]$$

GSM光束最常用的产生方法就是通过动态散射体产生，例如旋转的毛玻璃、动态液晶光调制器等。

部分相干光束相干结构调控可以产生多种多样性质奇特的部分相干光束，但这些光束并不是任意的，它们在理论上需要满足一些必要条件，如部分相干光束关联函数必须满足非负正定条件：

$$W(r_1,r_2)=\int p(v)H^*(r_1,v)H(r_2,v)\mathrm{d}^2v$$

其中，H为任意函数，p为任意非负函数。相干结构分布为

$$\mu(r_1,r_2)=\frac{W(r_1,r_2)}{\sqrt{W(r_1,r_1)W(r_2,r_2)}}$$

只有满足这些基本的条件，才是理论上可以实现的部分相干光束。

除了GSM光束属于部分相干光束外，还有很多种部分相干光束。例如拉盖尔-高斯相干结构，圆对称的相干结构表达式为

$$\mu(r_1,r_2)=L_n^0\left[\frac{(r_1-r_2)^2}{2\delta_0^2}\right]\exp\left[-\frac{(r_1-r_2)^2}{2\delta_0^2}\right]$$

椭圆对称的相干结构表达式为

$$\mu(r_1,r_2)=\exp\left[-\frac{(x_2-x_1)^2}{2\delta_{0x}^2}-\frac{(y_2-y_1)^2}{2\delta_{0y}^2}\right]\times L_n^0\left[\frac{(x_2-x_1)^2}{2\delta_{0x}^2}+\frac{(y_2-y_1)^2}{2\delta_{0y}^2}\right]$$

其远场强度分别对应于圆形和椭圆形的空心光强分布。这种拉盖尔-高斯相干结构光可以形成光笼，能应用在光束自整形中。

还有多高斯相干结构光束，可以看成是多个高斯光关联叠加形成，圆对称的相干结构分布为

$$\mu(r_1,r_2)=\frac{1}{C_0}\sum_{m=1}^{M}\binom{M}{m}\frac{(-1)^{m-1}}{m}\exp\left[-\frac{(r_1-r_2)^2}{2m{\delta_0}^2}\right]$$

矩形对称的相干结构表达式为

$$\mu(r_1,r_2)=\frac{1}{C^2}\sum_{m=1}^{M}\frac{(-1)^{m-1}}{\sqrt{m}}\begin{pmatrix}M\\m\end{pmatrix}\exp\left[-\frac{(x_1-x_2)^2}{2m\delta_{0x}^2}\right]$$

$$\times\sum_{m=1}^{M}\frac{(-1)^{m-1}}{\sqrt{m}}\begin{pmatrix}M\\m\end{pmatrix}\exp\left[-\frac{(y_1-y_2)^2}{2m\delta_{0y}^2}\right]$$

这种光束经过传播在焦点处可以形成平顶光束,达到自整形的目的。此外我们团队所提出的厄米-高斯相干结构光束,经过传输后会自动分裂成两束或四束光,其相干结构表达式为

$$\mu(r_1,r_2)=\frac{H_{2m}\left[(x_2-x_1)/\sqrt{2}\delta_{0x}\right]}{H_{2m}(0)}\frac{H_{2n}\left[(y_2-y_1)/\sqrt{2}\delta_{0y}\right]}{H_{2n}(0)}$$

$$\times\exp\left[-\frac{(x_2-x_1)^2}{2\delta_{0x}^2}-\frac{(y_2-y_1)^2}{2\delta_{0y}^2}\right]$$

加拿大的 L. Ma 和 S. A. Ponomarenko 等人提出了更一般的自分裂光束模型,这种光束具有相干格点的分布,可以形成光强格点。

在之前的文献报道中,科研人员对部分相干光的研究大都局限于理论,所以我们团队又研究了如何实验验证和产生这些部分相干光束。实验的思路就是对部分相干光的非负正定条件进行修改,使其传输形式为

$$W(\rho_1,\rho_2)=\iint W(v_1,v_2)H^*(\rho_1,v_1)H(\rho_2,v_2)\mathrm{d}^2v_1\mathrm{d}^2v_2$$

其中,$W(v_1,v_2)=\sqrt{p(v_1)p(v_2)}\delta(v_1-v_2)$.

根据上述的传输形式公式,可以看出,通过改变光源的初始光强分布,然后经过一定的光学系统传输,就可以产生非高斯相干结构的部分相干光束。基于此,我们实验产生了拉盖尔-高斯相干结构光束、厄米-高斯相干结构光束、多高斯相干结构光束和相干格点光束。国际上的很多团队对此进行了跟进,也提出了其他很多实验方案。例如,单个空间光调制器(SLM)对相干结构进行调控产生部分相干光束;在旋转的毛玻璃上刻写特殊结构对相干结构进行调控;此外,还有人在谐振腔中放置特殊光学元件调制腔内光场的相干结构,但目前只能得到一些简单的相干结构光,输出光的模式比较单一。

以上全部是基于谢尔盖的相干理论进行的标量部分相干光的研究工作,之后我们又进一步开展了矢量部分相干光束的研究。矢量部分相干光束的概念最早由光学原理的作者 E. Wolf 于 2003 年提出,用相干偏振矩阵表征矢量光场。在传播过程中,矢量部分相干光束的电场、偏振态和偏振度是变化的,它的电场是随机变化的。

矢量部分相干光束的调控同样也可以基于谢尔盖的类似的矢量相干关联矩阵,同样需要满足非负正定条件,在数学上选择合适的 p 矩阵和 H 矩阵,就可以构造一些特殊相干结构的矢量光场。2014 年,我们率先在理论上构造了一种相干结构为非高斯的矢量光场。矢量情况下,有 4 个相关的量,分别为 xx、xy 和 yy 方向的相干结构和合起

来的总的相干结构，可以看出他们都是非高斯的。这种非高斯的相干结构首先可以实现光场的整形，其次还可以实现偏振的自重构。偏振的自重构就是在光源的初始面上是非相干光，当传播到远场时，光束可以变成径向偏振光或角向偏振光，即变成了非均匀偏振的矢量光场。

我们不仅在理论上提出了这种特殊结构的矢量部分相干光束，而且在实验上产生了这些特殊光束。例如偏振自重构的矢量部分相干光束、相干结构为矢量厄米相干结构，这种矢量光场在传播过程中会由一束径向偏振光分裂成四束或更多的径向偏振光。

3. 部分相干光束相干结构测量

传统的相干度测量方法是杨氏双缝干涉法。它的原理非常简单，通过双缝干涉测两个点的相干度，改变缝宽就可以测量不同点的相干度，因为相干结构具有对称性，所以一般测一维的就可以得到相干度曲线。后来国际上提出了很多的改进方法，最典型的就是 Y 形双缝干涉，因为 Y 孔的两臂之间的距离在改变，所以就相当于不停地改变双缝之间距离，这样就可以测得一维曲线。此外还有动态双孔法、环形剪切干涉仪、多孔板和非冗余孔径法等。

我们使用的方法是通过测量部分相干光束分成两束后的四阶关联函数法，即根据四阶关联函数和相干结构模方的关系便可测出相干结构三维分布和相干度的大小。早期的工作是测量一维的相干结构，后来在此基础之上我们发展了可以测量二维相干结构的技术。我们所应用的是多幅瞬时图像互关联的方法，即通过 CCD 记录待测光束的瞬时光强分布，再通过关联算法计算出强度关联分布，根据强度关联分布和相干结构模方的对应关系得到二维相干结构分布。我们使用这种方法测量了拉盖尔-高斯和厄米-高斯相干结构等。

这种测量方法的缺点在于，只能实现相干结构模(绝对值)的测量，损失了相干结构的相位信息。实际上，其相位隐含着重要的信息，例如可以用于加载信息和图像，所以我们又在 2017 年开发出了能同时测相干结构强度和相位的方法，即用完全相干光和部分相干光束进行相干叠加，然后测量叠加光束的四阶关联矩阵，再通过相关运算就可以得到相干结构强度和相位信息，对应于互相干度的实部和虚部。

4. 相干结构调控的应用

1)相干结构调控引发光束超强自修复特性

光束的自修复特性是指光束被障碍物遮挡一部分后经过传输，光束的光强、相位偏振等会恢复的现象。很多无衍射光束具有自修复特性，如贝塞尔光束、贝塞尔-高斯光束和艾里光束等，这种光束可以用于粒子捕获和显微成像。无衍射光束的自修复特性受限于障碍物的大小，当障碍物的大小超过光斑的一半时，无衍射光束的自修复特性变得特别差，当然应用矢量光场可以进行非常有限的改善。

无衍射光束具有自修复特性,我们的研究则表明部分相干光具有超强的自修复特性。只要光场的初始相干结构不被破坏,即使障碍物遮挡住大部分光,光场依然能够恢复。

在实验中我们发现只要截取初始光的一小部分,经过传输都可以恢复出原始光场。这在图像传输中具有重要的应用价值,也就是说即使损失掉大部分光场,通过一部分光依然可以恢复出要传输的图片。此外,还可以将部分相干光通过微透镜阵列,应用于阵列光斑的产生,这一点在微粒俘获中具有重要应用价值。

2)相干结构调控用于涡旋光束轨道角动量测量

相干性调控的另一个重要应用是测量涡旋光束轨道角动量,即拓扑荷。涡旋光束的轨道角动量数值正比于拓扑荷值,所以测得拓扑荷值就可以知道轨道角动量的大小。涡旋光的产生可以借助于螺旋相位板、计算全息图、空间光调制器、超表面结构、液晶微结构等。而对应于测量拓扑荷值的方法也有很多,但主要是针对相干涡旋光束的测量方法,包括双缝干涉法、三角小孔法和光强傅里叶变换法等。

在实际应用中,不仅仅只需要测量相干光束,比如当涡旋光束经过动态散射体、随机介质和湍流等,会变成部分相干涡旋光束,这时候传统的测量轨道角动量的方法已不再适用。主要是因为当相干性降低的时候,如部分相干拉盖尔-高斯光,其干涉条纹会变得模糊,不再和拓扑荷呈一一对应关系,也就不能直观地通过干涉测出拓扑荷值;此外,也因为此时的光强分布可能不再呈空心分布,而是实心分布,其相应的傅里叶变换形状还是实心的,不能直观得到拓扑荷信息。

我们的研究表明,测量部分相干涡旋光束焦场的相干结构,根据其亮暗条纹与拓扑荷的对应关系(即暗条纹数等于拓扑荷数),即可确定其所携带拓扑荷数。不过这种方法只能得到拓扑荷的绝对值大小,不能判断其正负,所以后来我们又提出了能同时测拓扑荷大小和正负的方法。这种方法是让光束经过双柱面镜传输,测量不同传输距离上的相干结构。我们发现相干结构会发生旋转和分裂,根据旋转的方向就可以判断拓扑荷的正负,而其绝对值大小根据分裂的光斑数量获得。

3)相干结构和涡旋相位联合调控用于产生涡旋光斑阵列

我们知道相干格点可以产生光强阵列,环形孔径可以产生零阶贝塞尔光束,螺旋相位板可以产生高阶涡旋光束,所以我们结合这三种技术就可以产生零阶或高阶贝塞尔阵列光束,而且阵列分布可以控制,这在多粒子操控领域具有重要应用前景。

4)相干结构调控用于突破衍射极限和光学成像

相干结构调控还可以用于突破衍射极限和光学成像。例如对于传统的4-f成像系统,它的分辨率是受限于经典衍射极限的,即

$$d_R=0.61\lambda f/R$$

如何突破衍射极限成了一个研究方向。突破衍射极限的方法有调控光场的振幅分布即结构光,这时 $d\approx 0.5d_R$。此外还可以用涡旋光场,这时衍射极限为 $d\approx 0.1d_R$。

2012年Z. Tong和O. Korotkova等人提出用部分相干扭曲光束来突破衍射极限，这种方法的理论极限是$d=0.17d_R$。目前我们实验中利用拉盖尔-高斯关联部分相干光束实现了$d=0.85d_R$，达到或超过理论极限需要更巧妙的实验设计。

5）相干结构调控用于纵向场整形

部分相干光还可以用于焦场的纵向场整形。我们知道矢量光场经过紧聚焦后可以获得纵向场，一般而言，径向偏振光束紧聚焦后可得到较强的纵向电场，而角向偏振光束紧聚焦后可以获得较强的纵向磁场。上海理工大学的王海凤教授通过抑制横向电场从而实现了对焦场纵向场整形的目的；美国的Q. Zhan通过把纵向电场和横向电场调整到合适的比例，从而产生了平顶的焦场分布。以上两种方法的共同点是在聚焦前面使用了相位板，目的是调整横向电场和纵向电场的比值。

这两种方法是把场分量突出或调整到合适比例来实现焦场纵向场的整形，但是他们并没有对横向电场和纵向电场本身进行整形。我们经过研究发现，部分相干光束经过紧聚焦可实现焦场横向场和纵向场整形，使他们都是平顶分布，此外，还可以得到其他的焦场分布。

6）相干结构调控用于图像加载和传输

传统的图像加载是基于振幅和相位调制的，而我们提出基于相干结构进行图像加载，将图像信息加载到相干结构中，通过测量光束的相干结构的振幅和相位分布，可以把加载的图像信息提取出来。当然，能够利用相干结构调控的自修复效应，实现经过复杂环境传输后图像的恢复，是我们的主要目的。

5. 总结

本文主要介绍了部分相干光束相干结构调控及其应用基础相关的进展，阐述了一种新颖的光束调控方法，即相干结构调控法，这为光场调控提供了新的自由度。此外，还对相干结构调控在光束整形、微粒操控、光学成像、自由空间光通信、图像传输等方面的重要应用进行了详细的展望。

（记录人：王红亚　审核：王健）

Adam Wax　1993 年在伦斯勒理工学院获得电气工程学位，并且在纽约州立大学物理系取得第二个学士学位，分别于 1996 年和 1999 年获得杜克大学物理硕士和博士学位。

曾在麻省理工学院光谱实验室做博士后研究工作。现为杜克大学生物医学工程系教授和研究生院主任。研究兴趣包括用于早期癌症检测的光谱学、新型显微镜学和干涉测量技术。美国光学学会、SPIE、AIMBE 的会士。在 2012 年被评为“杰出博士后导师”。

第138期

Phase Imaging of Mechanical Properties of Live Cells

Keywords: mechanical stiffness, nanoscale responses, high throughput, early carcinogenic events

第138期

活细胞力学特性的相位成像

Adam Wax

1. 定量相位成像(QPI)的发展

随着新型的光学成像方法的发展,越来越多的细胞或者微小物体的纳米尺度的相位信息可以被观测到。新兴的光学方法包括相位显微镜和干涉定量信息获取法等。这些光学方法的发展在生物医学领域有着广阔的应用前景。相位信息获取技术不仅可以用来对细胞进行成像,更重要的是纳米级信息为疾病的诊断提供了新的视角和方向。在相位显微镜应用于疾病诊断的过程中,面临着许多挑战。疾病诊断需要高通量,这就对显微镜的成像速度提出了要求,将微流控技术和相位显微镜技术进行结合可以提高速度,但是新的结合方式就需要新的分析方法。

定量相位显微镜是通过干涉的方法量化了光波通过一些物质时发生的相位移动。光在透过半透明物体时,比如人体细胞,会吸收和散射少量光线,这些微小的变化在普通的光学显微镜中是难以观察到的,而这些变化会引起光相位的位移,能被相差显微镜捕捉到。测量和可视化相移的主要方法包括 ptychography、傅里叶 ptychography 和各种类型的全息显微镜方法(如数字全息显微镜、全息干涉显微镜和数字在线全息显微镜)。常用的图像恢复的方法是,一个干涉图案(全息图)被数字图像传感器记录,根据记录的干涉图案,通过计算机算法数值地创建强度和相移图像。常规相差显微镜主要用于观察未染色的活细胞。测量生物细胞的相位延迟图像提供了关于单个细胞的形态和干物质的定量信息。与传统的相位对比图像相反,活细胞的相移图像适合于由图像分析软件处理。这导致了基于定量相差显微镜的非侵入性活细胞成像和自动细胞培养分析系统的飞速发展。

如图138.1所示,普通的明场显微镜通常只有一束入射光通过样品之后进行测量,测试的结果只有强度信息;而QPI显微镜在普通的明场显微镜的基础上,又加了一束参考光与入射光进行干涉,通常使用相干技术和全息技术的原理,可以测量到强度和相位信息。

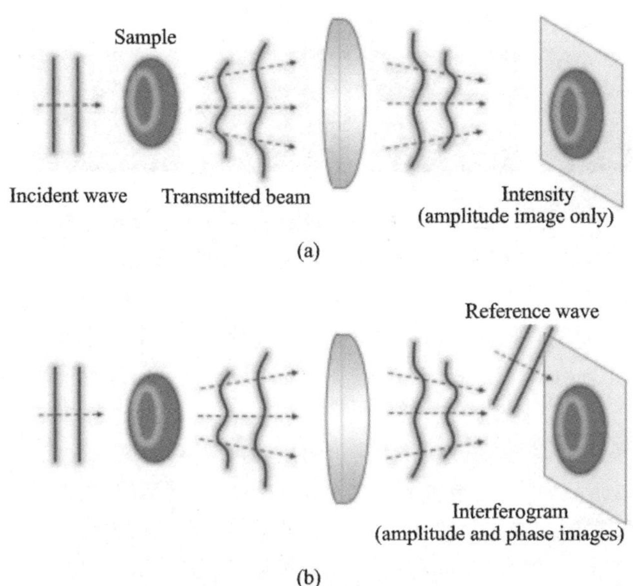

图 138.1　定量相位成像的原理

2. 定量相位成像在疾病检测中的应用

定量相位成像相较于传统的明场成像，多了一束参考光进行干涉，可以得到细胞的幅度和相位信息，而这些信息可以用来疾病检测。

首先是形态学上面的检测。由于正常的细胞和病态的细胞的形态不同，因此细胞的形状可以用来揭示疾病的存在，同时，更精确的形状信息可以用来区分细胞的种类，甚至是病态细胞的种类，从而对疾病进行诊断。如图 138.2，正常的红细胞和不同分期的镰状红细胞贫血病人的红细胞，通过形态学的不同，可以进行细胞的分类。其次是动态学的信息。快速的定量相位成像可以观察细胞的动态过程，从而在时间尺度上观察到细胞的差异性，我们可以找到这些差异性和患病细胞的联系和相关性，这也可以帮助我们进行疾病细胞的区分。再次是细胞的光谱特性。我们知道细胞的光吸收作用对于不同的波长的光是有选择性的，通过光谱吸收的变化也可以检测患病细胞，同时不同物质的光谱吸收也是不同的，获得了光谱信息，我们也就知道了细胞内包含哪些化学物质。最后我们还可以根据细胞的机械特性进行诊断。定量相位显微镜可以精确地测量在外界的震动下细胞的纳米尺度的位移，正常细胞和病变细胞的位移是不同的。通过不同震动条件下的位移，也可以预测出细胞的纳米结构，这对于疾病的研究和病理分析具有重要的意义。

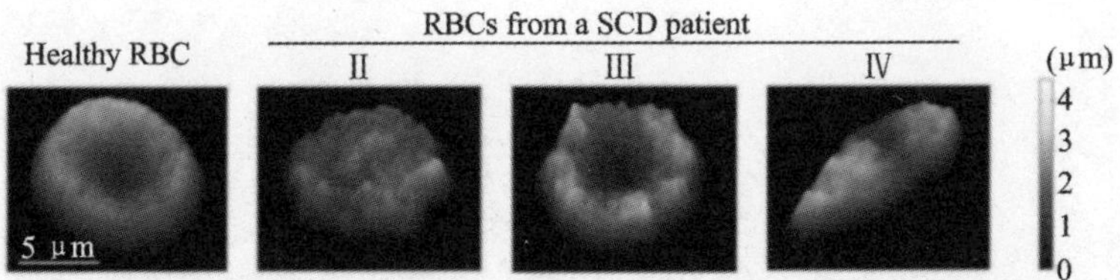

图 138.2　正常红细胞和不同分期的镰状红细胞的形态

本文列举了常见的定量相位成像的应用，首先是镰刀细胞贫血症。这种病在发达国家治疗效果很好，但是在非洲，每年有 20 万的发病数。血红蛋白的聚合改变了镰状细胞的机械性能，这就导致病变的细胞可能有闭塞性危险。如果未经治疗，病人在 5 岁之前有 50%的死亡概率。研究镰刀型红细胞的动态特性可以理解疾病的表现，动力学的观测与调节也可用于评估治疗效果。

在疾病的早期，形态学的区别并不是很明显，这时候动态观测就显得尤为重要。

如图 138.3 所示，正常的细胞表现出来更加明显的厚度波动，波动的标准差在 49 nm 左右；而圆形的镰刀细胞的波动较小一些，波动的标准差在 24 nm 左右；月牙形的镰刀细胞的波动最小，仅仅有 10 nm 左右。由此可见，动态的定量相位成像同样在疾病的早期诊断中具有重要意义。

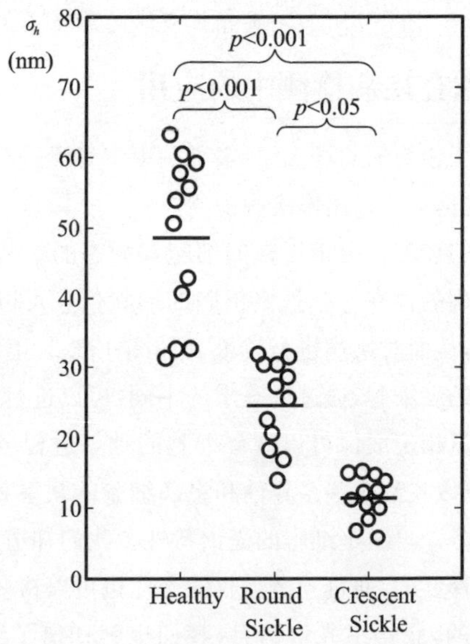

图 138.3　不同的红细胞的厚度波动

另外就是 QPI 在疟疾中的应用。这种疾病的传播主要是带有疟原疾病寄生虫的蚊子的叮咬，寄生虫感染宿主的红细胞从而使得宿主感染疟疾。这种疾病的早期诊断至关重要，但发展中国家缺乏筛查的资源，诸如疟原虫快速诊断试纸(RDT)之类的技术具有成本低的优点，但提供的诊断能力有限。

检测仪器需要足够高的精度才能对于无症状患者进行疾病诊断，所以这个领域的黄金标准是由经过培训的专家进行的显微镜评估，这样的检测手段不仅低效而且成本十分昂贵，很难进行大规模的筛选。QPI可以提供形态学和光谱学的诊断，将对这一疾病的诊断提供重要的帮助。血红蛋白在可见光谱中具有强吸收，具有特征峰，可以同其他物质进行区分。血红蛋白通常在裂解许多红细胞后进行测量，疟疾寄生虫消耗血红蛋白，产生hemozoin晶体，定量相光谱可以检测个体红细胞中的Hb浓度。

3. 基于流体实验的QPI

基于流体实验，定量相位成像得到了更大的应用。剪应力和液体的流速以及液体的流动率成正比。通过流体对细胞施加一个剪应力，细胞由于自身的机械特性，会发生与之对应的变形，而不同的细胞种类，可以得到不同的变形程度。通过变形的结果可以区分出A431-CD、A431、CSK、HT-29这些不同种类的细胞。

细胞的刚度和多维结构为我们对于细胞的分析提供了充足的信息。细胞的刚度和不规则度会随着肿瘤的侵袭而改变，具体就是肿瘤的侵袭越强，细胞的刚度会下降，不规则度会增强。这些信息和QPI的剪应力，提供了一种新型的分析方法。这两个细胞特性通过QPI成像，可以用来评估细胞种类。通过测量细胞的不规则强度来测量细胞的纳米结构这种方法，得到的结果和细胞的RI变量呈线性关系。通过这一测量方法，我们可以区分A549、HT-29、CSK、A431、A431-CD。

在将QPI成像扩展到流体实验的过程中，一些关键的技术需要被克服，其中包括微流控技术、光学体积、自动聚焦技术。通过聚苯乙烯的珠子我们可以发现，仅仅是几微米的失焦，细胞相位成像的成像效果会发生剧烈的变化。通过定量的比较我们可以发现，数字的聚焦技术和理论的焦距比较，具有较小的误差。我们将这一改进的技术应用到了RBCs成像实验中，我们可以清晰地发现数字聚焦技术纠正了之前手动聚焦出现的一些焦距上的误差。光学体积数据显示细胞开始流动的时候，数据会有较大的变化，但是通过自聚焦技术，细胞的光学体积并不会随着细胞的流动而变化，是一个常数。同时实验也发现，渗透压的改变也会引起细胞体积发生变化。

4. 总结

QPI成像为细胞分析提供了独特的能力，这一技术可以用来检测疾病的细胞。例如镰刀型细胞、疟疾细胞、肿瘤细胞的不同时期。光学体积提供了QPI成像的另一尺度的分析，可以对更多类型的细胞进行分析。微流控的芯片可以实现对细胞的高通量成像，甚至可以达到每分钟百万级的细胞分析。这些技术毫无疑问推动了QPI技术在生物医学领域的发展和应用。同时随着QPI成像技术的发展，光学体积的微小改变，例如RBC通过一个很窄的通道时发生的改变，都可以被探测到。通过新技术的发展，我们发现水分流失对于RBCs是十分重要的一个生物学特征，这一指标将对细胞行为学带来新的思路。

（记录人：李昊政　审核：王平）

闵玮 哥伦比亚大学化学系终身教授。2003年本科毕业于北京大学，2008年博士毕业于哈佛大学，师从美国科学院院士谢晓亮教授，2010年起执教于哥伦比亚大学，2017年获得正教授职位。曾获奖项包括2017美国化学会Early Career Award of Experimental Physical Chemistry、2017 Coblentz Award of Molecular Spectroscopy、2015 Buck-Whitney Award of ACS Eastern New York Section、2015 Camille Dreyfus Teacher-Scholar Award、2013 Alfred P. Sloan Research Fellowship等奖项。所在课题组的研究方向是应用生物分子光谱学开发新型光学显微镜，以及结合化学探针和生物技术，推动神经科学、癌症检测和疾病诊断等前沿生命科学和医学课题的发展。已在*Science*、*Nature*、*Nature Methods*和其他高影响力的刊物上发表了多篇学术论文。

第139期

Chemical Imaging for Biomedicine: The Next Frontier of Light Microscopy

Keywords: stimulated Raman scattering microscopy, Raman-active vibrational probes, electronic pre-resonance, super-multiplex optical imaging

第139期

生物医学中的化学成像:光学显微镜的下一个研究前沿

闵 玮

1. 显微成像技术发展及趋势

生命体作为一个复杂而有序的系统,里面蕴藏的奥秘一直吸引着科学家的眼球,每一个重大的发现都离不开技术的革新,例如显微成像技术的发展让生命科学研究的道路越来越开阔。显微成像技术的发展要从显微镜的诞生开始讲起。在17世纪晚期,列文虎克发明了真正意义上的显微镜,然而当时生产的镜片比较粗糙,放大倍数也比较单一。到18世纪,卡尔·蔡司开始制造复合显微镜,由于缺少科学的指导,早期生产显微镜光学质量极不稳定。1860年年底,阿贝与蔡司合作,完成了光学系统的设计,奠定了显微成像的理论——阿贝成像原理。在此基础上,光学显微镜技术经历了快速的发展,为了提高图像的对比度,发展出了暗场、偏光、相差、DIC,以及利用荧光标记的共聚焦、双光子、TIRF等成像技术。

然而荧光标记的生物分子具有内在的局限性,比如荧光蛋白标签过大会影响生物分子的活性,荧光谱线过宽会限制多色标记的发展,由此我们急需一种满足免标记、小标签、窄线宽,并且可以多色标记的技术。在2008年,我们团队利用受激拉曼原理,成功实现了生物代谢物的免标记成像。经过几年的发展,又发展出了高光谱的受激拉曼显微成像技术,可以同时获得高谱分辨率的图像,同时还在拉曼探针上又取得了一系列进展,可以利用小拉曼探针标记小分子,实现了活体的多色标记。这一应用又让受激拉曼成像技术走进了新的研究领域。

在未来,受激拉曼的应用场景将越来越广阔,在生物小分子的研究以及临病例分析中都将发挥不可替代的作用。

2. 显微成像技术的重要性

受激拉曼成像,也可以称为化学成像,它将会是显微镜发展一个很有意思的前沿领

域。首先,我们为什么要做成像?从大的图像角度上来讲,人类基因组计划已经把包括人类在内的大部分生物的基因组展示出来了,现在是所谓的后基因组时代。在 DNA 和蛋白质层面上,随着 X 射线、冷冻电镜等一些新兴技术的发展,大部分有特点的蛋白质、DNA、RNA 的三维结构已经有了非常多的研究。但是从 DNA 和蛋白质的结构序列信息,到我们真正理解人体究竟是怎么工作的,这中间还需要更多的信息,归纳起来最重要的是要了解空间和时间上的变化。

通过其他的一系列研究,我们已经了解了这些变化在时间上是动态的,在空间上是不均匀的,所以它的机理非常复杂。因为这些非常复杂的相互作用,想突破中间的隔阂变得非常困难。

这就是要做成像的原因,成像能够帮助我们把这些生物化学的过程在时空上可视化,即在时空上看到这些过程是怎么发生的,以至于可以对这些复杂的生物过程有更清晰的理解。现如今,生物医学变得更加精准,成像技术越来越成熟。成像是从物理层面上对生物过程一个直截了当地理解,就像中国的老话所说:“眼见为实。”最新的研究前沿给予了大家信心,让一个以前看来很复杂的、不是很清楚的过程在显微镜底下变得更加清楚了,由此我们可以更加明晰地看到这个过程中发生的变化。

3. 荧光与传统拉曼显微成像技术

从成像的角度来讲的,成像首先需要很好的对比度。在医院里用得比较多的,如 PET、MRI 等技术已经非常普及了,但这些技术的空间分辨率不够,看不到单个细胞,而从生物医学研究的角度,我们希望看到单个细胞的信息,就像使用光电显微镜。光的波长可以到亚细胞水平,可以提供非常精确的结构信息。对于荧光标记的脑片和多色标记的样本,使用受激拉曼显微镜,可以看到样本里面的每一小块的非常精细的结构,这是 PET 和 MRI 是没有办法做到的。这里所讲的主要内容关于荧光标记和拉曼,因为荧光标记在光学显微镜里是一个非常受欢迎的技术,拉曼研究相对来讲有些滞后,本文将给大家展示拉曼研究中的一些新工作。

荧光标记之所以被非常广泛的应用,很大一部原因是因为它能够实现单分子荧光标记,这个技术在二十年前就已经可以实现了。荧光标记还实现了超分辨成像,并在 2014 年获得诺贝尔化学奖。荧光成像还可以做到多焦点成像,实现更深的成像深度。除此之外,荧光标记有很多可以选择的荧光探针。例如荧光量子点探针,就有各种荧光蛋白可以用来调控。它不仅仅是光学上一个很简单的技术,在化学上也有非常多样的选择。这些探针有各种各样的功能,有的很小、有的很大,有的可以基因编辑,有的可以用在动物身上,有的发光非常强,有的可以改颜色。这些探针拥有非常奇特的功能和结构,将这些再和各种荧光显微镜结合在一起就可以实现很多功能。

而拉曼显微镜与荧光显微镜是可以互补的,只需要一个化学键的拉曼振动,一束光照进来就可以产生各种颜色的光,分光之后就可以看到拉曼光谱,不同的光谱线对应不同的成分,不需要任何标记,拉曼光谱可以告诉我们不同化学键成分的高低。可以说在

2008年前后拉曼显微镜主要的亮点是免标记,只需要通过样本本身的化学键就可以得到很多信息。但是这种方式也有自己的问题,拉曼散射的信号比较弱,可以看到拉曼显微镜的装置很简单,只需要一束光源,打到样本上之后分光。它主要的问题是信号比荧光差了2～3个数量级,所以需要非常长的积分时间才能够成像,这就限制了拉曼光谱在生物医学中的应用。大家都想使用非常灵敏且非常快速的方法,而普通的拉曼显微镜不能满足这一点,这就是我们发展新的拉曼显微镜的原因。

4. 受激拉曼显微成像原理

受激拉曼显微镜的原理就是把拉曼光谱和爱因斯坦的受激辐射理论结合在一起,就像激光这个词里面就包含了受激的原理。受激拉曼显微镜的物理原理其实早在20世纪60年代就已经被做激光的老一辈科学家提出来了,但是显微镜是在2008年的时候才被做出来的,时隔将近50年。这是一个典型的例子,在一个领域中非常简单的想法,与另外一个领域的融合却需要很漫长的时间。但是不同领域的交叉也是产生一个新领域非常有用的办法。原理如图139.1所示。

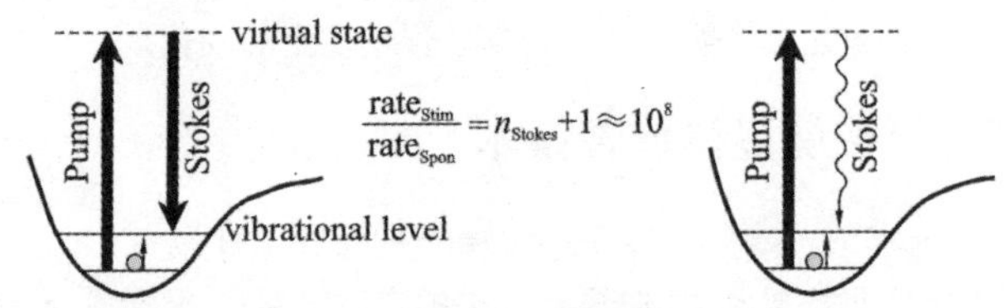

图139.1　传统拉曼与受激拉曼原理

普通的拉曼显微镜只要一束激光打上去,然后收集拉曼光谱;而在受激拉曼成像中,打上去的不是一束光,是两束脉冲激光,并把两束光的能量差与分子的振动能级相匹配,当两束光同时打在样本上时,以前非常缓慢的振动过程会变得非常迅速。物理上可以测出这两者之间效率的差别,普通的拉曼成像与受激拉曼成像在效率上差了八个数量级,相当于把普通拉曼成像的效率提高了八个数量级,本质上受激拉曼成像的灵敏度更高也得到了解释。那么受激拉曼成像探测的是什么呢?不像荧光标记有一个新的光出来,我们测的是入射光经过样品之后的变化:一个振动过程被激发了,泵浦的光子会被吸收,产生一个新的斯托克斯光子,满足能量守恒。这两个过程,一个叫受激拉曼增益,一个叫受激拉曼损失,我们最后探测受激拉曼损失,这个信号与化学键的浓度成正比,浓度越高,强度变化也越大,由此可以线性地测出化学键的浓度,可以做一些量化的分析。如图139.2所示,激光是需要调制的,因为光强的变化只有10^{-7}～10^{-8},信号非常弱,而且激光本身具有噪声。可以通过把一束光很快地开关,这样拉曼信号也会很快地开关,比如2～50 MHz,然后通过一个锁相放大器,看到这个调制信号,所以锁相放大是一个非常关键的设备,如图139.2。

实验发现了令人振奋的现象,即无须在光路中加针孔,就可以对皮肤和脑组织做断层成像,并看到脂滴的分布,这是因为受激拉曼成像只发生在两束光重叠的地方,类似

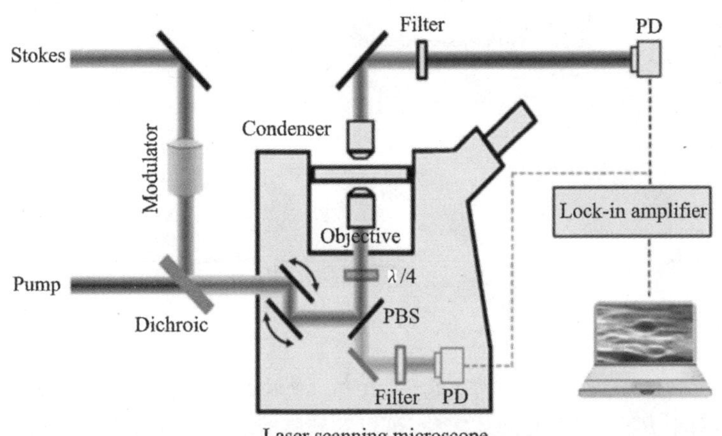

图 139.2 受激拉曼显微镜装置图

于双光子效应。这是受激拉曼成像的优势,和荧光标记法有非常好的区分。两年之后我开始了在哥伦比亚大学的独立研究,当时也遇到了一个困境。荧光标记法在 2010 年的时候发展如日中天,并且有了超分辨成像,比如 STORM、STED 等。标记成像也应该是拉曼显微镜前进的方向,因为它和荧光刚好有一个互补,但是如果要去和做荧光成像的人竞争,拉曼成像没有很好的背景,拉曼成像已经和免标记结合成为了一个主流。这里面存在的核心的问题是,有没有可能将两个领域之间的阻隔打通,创造第三个小的领域,把这两个领域的概念做一个融合,既用荧光标记里最强的探针,也用到振动成像的无标记方法?那么,做拉曼探针有没有意义、意义又体现在哪里?所以我们花了两年时间来构思,六年的时间来实现,并在今天将三个故事讲给大家,希望可以鼓舞大家。

5. 拉曼探针的应用

我们知道荧光探针都很大,一个是荧光蛋白,一个是探针,如果用小分子连上这些大分子染料,这些小分子很容易就不工作了,生物体里面有很多像氨基酸一样的小分子,荧光染料是不能做的,但是拉曼是可以的,那么能不能利用只有两个原子的化学键,看到它们的振动就可以看到我们想要看到的小分子?后来发现,像炔烃这样的小分子就可以做到,这个碳碳三键在振动的时候就会有特异的峰,正好在细胞的静默区,一旦有三键就会在这个很干净的地方有一个峰,然后可以通过受激拉曼显微镜进行成像,并且可以做到 100 μmol。我们把这个技术标记到很多小分子上面,如图 139.3 所示,例如 DNA、RNA、氨基酸等,每一个分子都可以加上一个基团,再喂给细胞或组织,然后就可以追踪这些小分子,这些是在荧光探针里面不能做到的。

比如说 DNA 的合成过程中,这个小分子会进到 DNA 里面,随着细胞的分裂就会把这些分子给编码进去,因为这个信号有特异性并且非常灵敏,如果使拉曼峰偏移一点,信号就没有了。我们可以在活的细胞做,也可以在组织做。在 RNA 合成过程中也是一

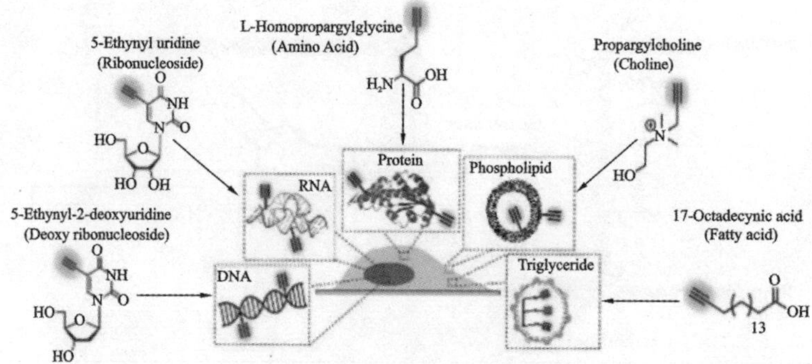

图 139.3 炔烃拉曼探针

样的道理,对于 RNA 关于时间的实验,可以看到随着时间的流逝,信号强度会不断变小,因为细胞内的 RNA 会被不断地分解掉。如图 139.4。

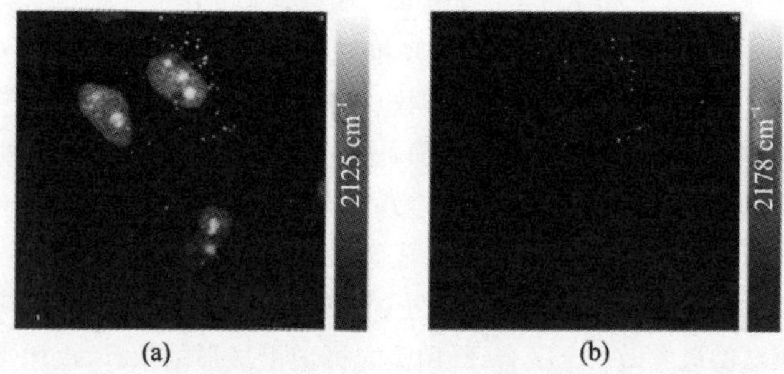

图 139.4 三键药物成像

我们也可以看到胆碱的标记和细胞膜的结构。神经元需要合成很多膜的结构,这个过程是非常活跃的。葡萄糖是细胞(特别是脑肿瘤)的能量来源,如果用普通的 PET,通过同位素标记只能看到一个非常宏观的结构,看不到单细胞。我们合成了一个带有三键的葡萄糖,把氢换成三键,然后喂给细胞,在癌症组织不同区域可以看到堆积的差异,以及细胞对葡萄糖能量需求的变化。这相当于 PET 的微观版本,PET 只能看到器官,但受激拉曼显微镜可以看到单细胞。正常细胞和肿瘤中脂肪的差异不明显,但是葡萄糖的差异很大,这样不同区域的表现就不一样。正常细胞的死亡区域表现得很少,肿瘤区域则表现很多,具有很强的对比度,这也就回到之前的观点,加一些很小的探针就可以增加对比度,把以前免标记看不清楚的东西尽量放大。再例如,有些区域葡萄糖的差异并不明显,但是胆碱的差异却很大。这些例子说明,小分子的代谢确实可以给我们带来一些新的信息。如图 139.5。

除此之外,药物的作用过程也是很有趣的,在荧光显微镜下看不到,但是可以通过标记一个炔烃看到。比如一种 FDA 认证的治脚气的药,它本身就含有三键,把它抹在老鼠的耳朵上,半小时之后药就可以进入老鼠的耳朵里,观察不同的深度,我们就可以看到药物渗透的分布,这是一个很有效的研究药物方法。如图 139.6。

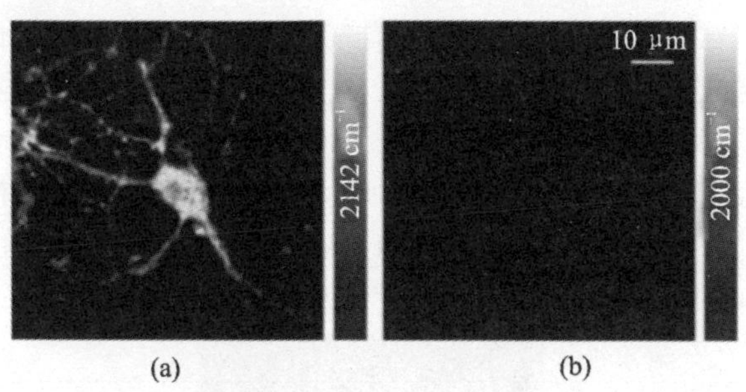

图 139.5　三键药物成像

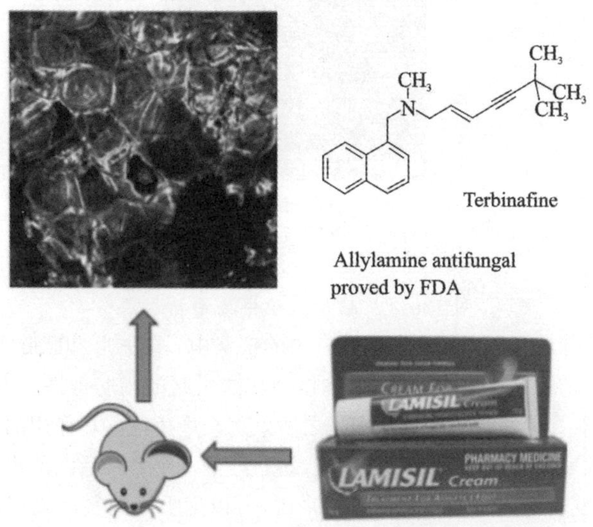

图 139.6　三键药物成像

另外一个例子是一种治疗癌症的药,大家之前并不知道它进入细胞里面怎么分布,而现在我们可以看到它是与溶酶体结合的,这是无法用荧光显微镜看到的。

受激拉曼显微镜还可以通过化学的变化来实现多色成像。三键是由两个碳原子构成,可以通过同位素改变它的质量。把 C^{12} 变成 C^{13},振动频率就会偏移,因为质量越重的东西振动频率就越慢,把一个碳原子或者两个碳原子改成同位素,就会有不同的拉曼峰偏移。所以用这个办法可以做到使细胞里面有三个不同的颜色,颜色之间也没有交叉,所以我们可以用不同的标签来标记不同的小分子,并喂到同一个细胞里面,它们会去不同的地方,然后可以看到在同一个细胞里面的 DNA、RNA、葡萄糖、脂肪,就像 GFP、YFP 标记效果一样,我们通过振动频率将它们分开。除了 C^{13},还有 N^{15}、D 等同位素。有人会担心同位素的放射性,其实并不是所有的同位素都有放射性,大部分同位素是稳定且没有放射性的,对生物体是安全的。我们可以把碳—氘键做成一个标签,这个键有特定的频率,再把氨基酸的氢换成氘。蛋白质合成的过程中需要氨基酸,就像人每天都要摄取一定量的必需的蛋白质一样,有些氨基酸是自身不能合成的,给细胞提供它们必需的氨基酸,它们就会摄取,氨基酸上有氘元素的话,新合成的蛋白质就会有新的拉曼峰,如果再阻断蛋白质合成的通路的话,这个信号就没有了,所以这个一定是新合成的蛋白质的信号。这个发现非常重要,比如神经元的活动是通过新合成蛋白来实现的,通过测试神经元,可以看到里面非常精细的结构,这也证明了该方法可以用来做局部的蛋白质探测,并且也可以用到脑片上,观察在海马区中神经元里面蛋白质的信息。如图 139.7。

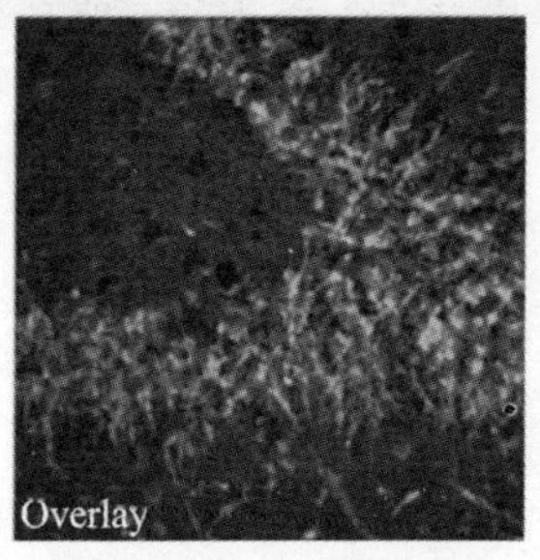

Newly synthesized protein
Total protein
Lipids

图 139.7　脑片组织中蛋白质成像

受激拉曼成像还可以应用到和脂肪有关的疾病中。脂肪肝和肥胖等疾病的产生与食物里面有太多的脂肪有关,在医学上称作脂肪酸引起的脂肪毒性。大家对此研究了很久,但依旧没有弄清楚脂肪酸进入细胞之后是怎么产生这些坏作用的,这其中一个很重要的原因是大家没有办法去追踪脂肪酸,脂肪酸是一个非常活跃的小分子,如果用荧光去标记,会改变它的活性。但对于我们来说,可以把上面的氢换成氘之后,就可以看到脂肪酸去哪里了。如图 139.8 所示。

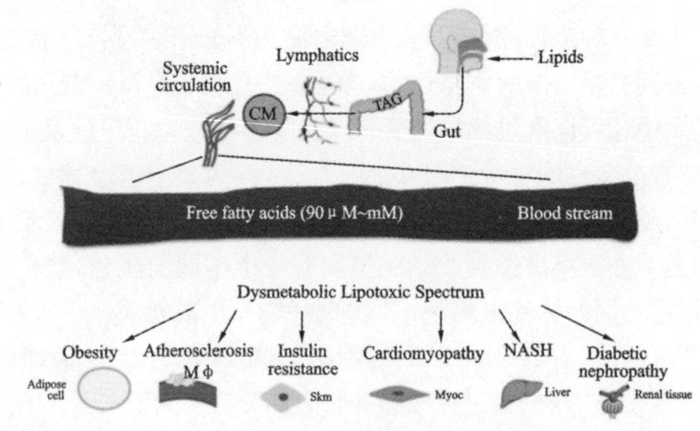

图 139.8　脂肪酸去向追踪

对于植物油里面的不饱和脂肪酸,可以看到它去了脂滴,脂滴是一个很中性的东西,对细胞没有什么损害,可以说不饱和脂肪酸对细胞没有什么损害。对于饱和脂肪酸,比如动物脂肪里面的猪油和牛油,进入细胞之后会怎么样呢?我们发现,饱和脂肪酸进入细胞之后,跟细胞里面的其他结构都不相似,它是一个会导致细胞毒性和死亡的结构。因为我们吃饭的时候是会同时摄入饱和与不饱和脂肪酸的,我们团队把饱和与不饱和脂肪酸混在一起,可以看到它们都进入了脂滴,变成了没有毒性的成分。这与之前的文献报道非常接近,即如果同时加入两种脂肪酸,饱和脂肪酸的毒性会被极大降低,该实验证实了这一点。这也指示我们在摄入饱和脂肪酸之后,再摄取不饱和脂肪酸就可以中和饱和脂肪酸。

那它到底是什么?首先,我们可以看到它随时间是变化的,在晚期是一个像膜一样的东西,在早期是一个小点,确实是一个不断生长的过程。它是在内质网上面长大,细胞里面的内质网是合成脂肪的地方,我们确实发现它在上面,和内质网的 ER-GFP 有很好的共定位,和其他的标签相比也可以看到很好的重合,我们来分析它的结构,可以看到它是一个膜结构,特别是在 Z 方向和膜上的信号是吻合的,但是我们可以看到用 BODIPY 标记的膜和我们看到的膜信号是刚好相反的,荧光看到的结果和我们的完全不一样。

第二,有荧光的地方就没有拉曼,这也说明它们存在不一样的相,比如说液相、固相,这也表明两种方式标记有不同的相,它们可能是液相,我们的可能是固相。如图 139.9。

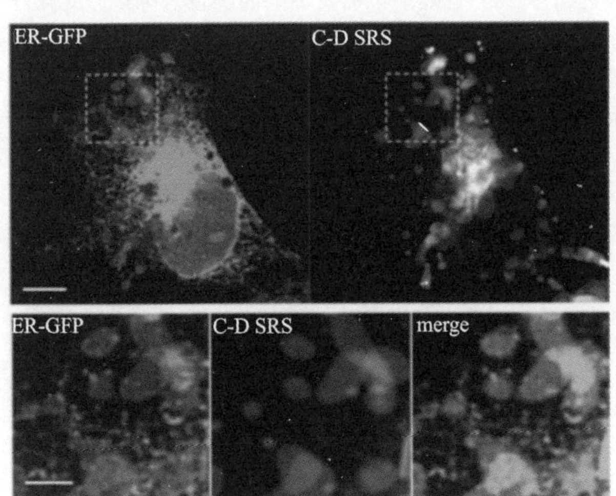

图 139.9　脂肪的荧光标记和拉曼对比图像

通过教科书可以查到,膜具有液相和固相两种状态,但是固相不能在活细胞里面存在。我们可以通过一系列实验去验证这个观点,如果我们用表面活性剂去洗,可以发现 C-D 标记的地方洗不掉,而普通的细胞膜很容易洗掉。我们通过拉曼光谱也可以看到,膜的拉曼光谱非常窄,以至于我们看到它有一个持续的变化。

第三,我们可以发现它有一个动态扩散的过程,扩散过程非常慢,接近于固态。

通过这三个实验我们可以认为看到的是内质网上一个新的相,这可以用一个相图来表示。如果加入饱和脂肪酸,可以看到细胞膜从固相变成固液共存的相,由此可以得到动物细胞如果摄入过多的饱和脂肪酸,内质网可以变成固液分离的状态。这也是为什么饱和脂肪酸可以引起细胞毒性,因为它可以引起细胞不友好的相变,一旦细胞膜变成固体就会导致一系列的问题。在另一个实验中,改变饱和脂肪酸链的长短,可以看到它从液相变成固相的过程,链的长短会影响脂肪酸的熔点,这一个观点也进一步佐证了我们相图的结果。刚才也提到了,为什么饱和脂肪酸会影响膜的结构,我们可以通过一个实验看到,一旦内质网有固体的膜就会把它本来是联同的地方分开,把内质网的网状结构给破坏了。另外我们可以从细胞的自噬看到,细胞自噬是自身清理废物的过程,在我们的实验中也发现,固态的膜可以阻断细胞自噬,所以会给细胞带来损伤。还有一个实验是关于鱼油的,DHA 就是鱼油的成分,如果不加入鱼油的话,细胞会产生很多固相的膜,但是随着加入鱼油的量的提高,整个固相的膜就开始融化,鱼油可以让以前是固相的膜慢慢变成液相,这是我们在临床上证实鱼油可以用来缓解高血脂和高血压的过程。这也体现了拉曼显微镜真正的应用,看到脂肪酸对代谢的影响,这是普通的荧光显微镜做不到的。现在我们已经有很多各种各样的标签可以标记不同的分子。

6. 多色拉曼标记成像

由于生物体的结构非常复杂,所以需要不同的颜色去标记。就像盲人摸象一样,如果每次只摸一个地方是不可能把整体弄清楚的,所以生物学界也有一个共识就是,要研究复杂的生物体就必须实现多色标记,但是这对光学显微镜不是一件容易实现的事情,特别是荧光标记。去年发表在 *Nature* 的一篇文章,用荧光显微镜只可以标记 6 种颜色,这已经到了极限,荧光的重叠地方非常严重,然而拉曼光谱要比荧光光谱窄一百倍,如果有办法把拉曼成像应用上去,就可以发展出比荧光标记多一百倍的颜色。这个事情从原理上是可以做到,虽然我们目前没有完全做到。如图 139.10 所示。

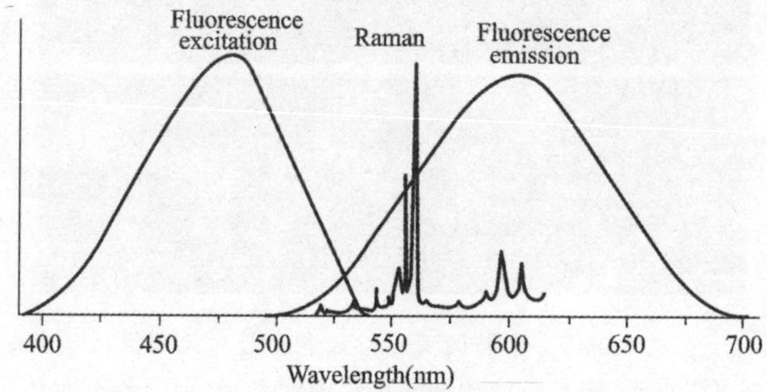

图 139.10 荧光和拉曼光谱对比

这里首先涉及到的是灵敏度的问题,如果灵敏度不够是不能和荧光标记法竞争的。荧光标记法可以做单分子,然而我们只能做几百个分子,这样就相差上千倍。那到底怎么提高灵敏度呢?我们通过一篇综述了解到,有三种办法可以增加拉曼成像的效率,一个是等离子体共振,一个是非线性效应,也就是我们的受激拉曼,最后一个是共振拉曼。

但是之前没有人把非线性效应和共振结合在一起,我们去年的一篇文章是把非线性效应和电子态穿透吸收结合在一起,通过用一些染料来做实验,发现当激光和我们用的染料吸收波长很近的话,这个信号可以有一个非常高的增强,信号强度增加了大约 5 个数量级。这可以用理论来做很好的解释,通过理论和实验的分析,这种敏感度已经可以接近荧光了,这样,受激拉曼的探测极限是 250 nm,相当于 50 个分子,非常接近荧光标记法的量级。通过免疫荧光,我们可以把这些染料加到不同的细胞器里面,而且具有很好的特异性,因为拉曼峰非常的窄,把波长偏移一下就会发现信号消失了。另外,通过把其他的一些商用的染料加进去,已经可以做到 8 种颜色,突破了荧光 6 种的限制。如图 139.11 是我们三个博士后花了三年做出的结果,这是一个全新的结构。在市面上的染料都没有三键的结构,把三键直接加在荧光基团上面实现共振,如果激光接近吸收波长,就会使得基团的键能键角变化,从而与三键耦合实现信号的放大;产生信号之后,我们还需要可以调节信号,这里有三个维度,第一个维度就是改变中心原子(C、N、Si),第二个是改变基团的大小,增加环的数量,这两个都可以改变三键的振动,第三个就是利用同位素的方法,利用 C、N 的同位素。我们把所有的染料都合成出来然后从中挑选可以区分的,发现至少有 20 种可以明显的分开,可以看到每一个分子都有一个尖锐的峰,并且彼此分开。这也是我们第一次从化学的角度来设计我们的探针,并且也开阔了一个新的方向,与合成荧光染料的实验室一样,我们可以自己设计染料。

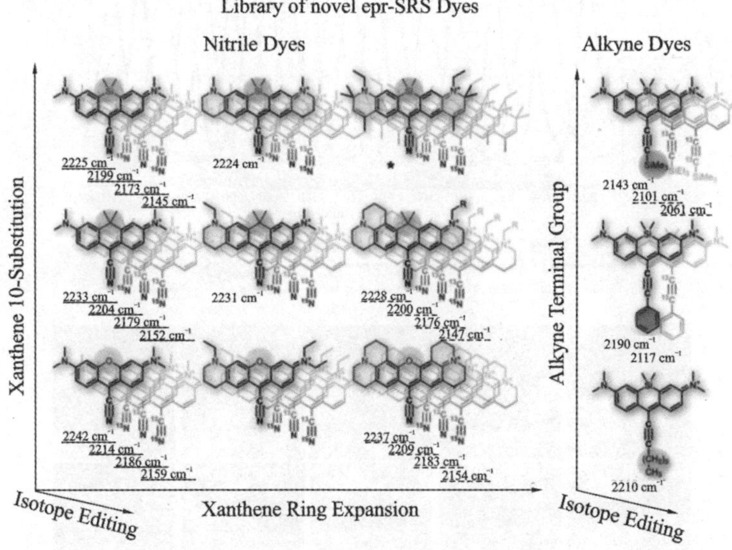

图 139.11　近共振拉曼标签库

前面提到的方法是把三键结合在一个荧光基团上,新的方法是把三键连成一条线,对于一个很多碳元素的结构,比如说石墨烯、碳纳米管,它们有 SP^1、SP^2、SP^3 等化学上的杂化。其中 SP^1 杂化是很多碳连在一起,把碳纳米线发展成一个新的探针,随着三键越来越长,会出现拉曼频移,可以通过加上同位素、改变长度、改变不同的封端三种方法把它变成一系列新的结构。

可以在图 139.12 中看到有不同长短的碳链，中间还有同位素，最后封端也不一样，有的是 CH_2，有的是 NH_2，有的是 F。我们团队合成了大约一百种结构，并从中挑选了二十个频率可以区分的结构，称之为碳彩虹（Carbon rainbow），简称为 Carbow。通过这些可以标记 15 个不同的颜色。通过把同一个细胞的线粒体、溶酶体、细胞膜、内质网、脂滴等标记上不同的三键，可以做到单个细胞 10 个颜色的图像。相比于荧光可以做 6 个，受激拉曼可以轻而易举地做 10 个颜色。我们把同一个细胞的颜色两两分开，就可以清晰地看到细胞器之间的相互作用，这是一个非常多维度的东西，下一步的目标就能看一个活细胞的细胞器相互作用的过程。

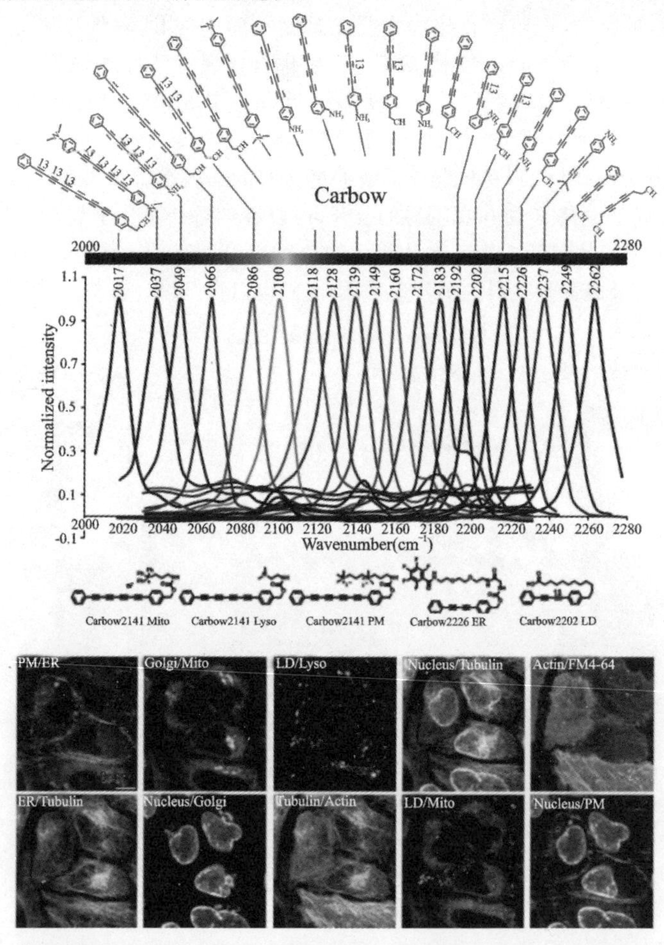

图 139.12　碳彩虹标签

我们团队还做了技术上的改进。有了不同的颜色之后，可以做很多应用，比如说条形码，把这些染料做到一些小球上面，一个小球里面就可以有很多个染料，通过控制里面各种染料的浓度就可以产生一个密码，如果有 20 个通道，每一个通道可以有 0～3 个数

值,就能够产生一个复杂的码。同时把小球喂到细胞里面,就可以区分每个细胞不同的码,这个密码可以用本征拉曼读出来,就可以知道它是哪种细胞,这可以作为细胞的身份证。

7. 拉曼探针的功能成像

我们团队的最近的一个工作类似于功能成像。荧光标记可以做结构和功能,所谓的功能可以有很多种,比如说探测器。拉曼峰很窄,对周围的环境有一定的灵敏度,也可以做探测器。我们团队做了活体实验,结果非常让人兴奋,通过给鱼、虫子喂重水,并控制好浓度,在浓度比较低的情况下可以减小毒性。细胞里面的代谢,比如新的蛋白、新的DNA、脂滴,它需要水的参加,这就是人需要喝水的原因,水比食物更重要。细胞里的代谢,中间的每一步都需要水的参加,加入重水之后,氘原子可以直接进入到细胞里面,对于细胞和酶来说,这些原子是一样的,这样氘原子就可以进入到新合成的代谢产物中。把细胞内的东西通过化学方法分开的话,可以发现新合成的代谢物的拉曼光谱是不一样的,虽然它们都含有相同的碳氘键,其中氘从水变到了生物体内,但是它们在不同的物质中是不一样的。这并不是一个简单的峰,比如在糖原、DNA、脂滴和蛋白质中,它的光谱是不一样的,这就说明它有一个探测外部环境的功能,可以探测细胞内的微环境的改变。对于核磁共振,虽然是同一个氢,它会受氢原子周围电子云的浓度和分布有一些微小的改变。这里也是同样的道理,都是同样的碳氘化学键,但是随着化学键周围电子云浓度的不一样,它会有光学上的区别。在细胞水平上给细胞喂重水,经过大概一天左右,就可以把新合成的蛋白质、DNA和脂滴分开,我们知道它们的峰,这是同一个化学键但可以表现出不同的特征,这也就是所谓的功能。如图139.13。

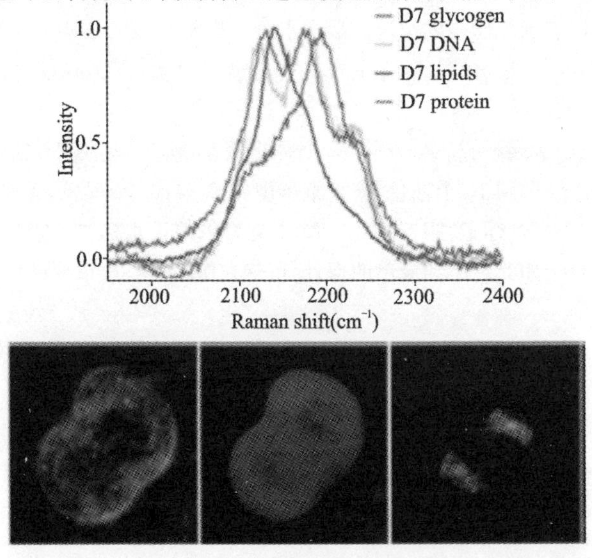

图139.13 细胞的重水代谢成像

这个功能有非常重要的应用。重水是一个非常简单的物质,没有太多的毒性,人体也可以使用。通过给老鼠喂重水,两天之后把组织取出切片,可以看到每一个组织里面的蛋白质、DNA、脂肪都是不一样的。对于一块脂肪组织,CD_p基本没有蛋白,都是CH_l脂肪,但是胰脏里面有很多蛋白,大脑里面也有很多脂肪。这样,只用一个探针就可以把不同组织里不同的物质用光谱区分开来,知道里面合成DNA和蛋白质的量,这从实验上讲就异常的简单。如图139.14所示。

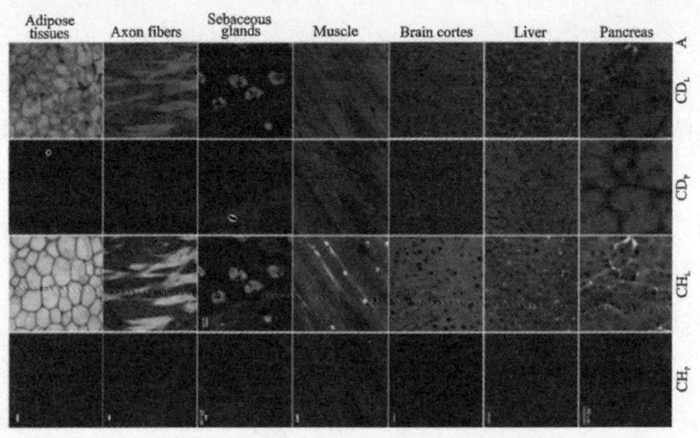

图139.14 组织的重水代谢成像

这项技术在肿瘤组织上也是很有意义的。对于一个患了脑瘤的老鼠,给它喂重水,组织取出来之后可以看到里面的代谢物质完全不一样。在正常组织里面的脂肪合成不明显,但是在肿瘤组织里面的脂肪合成非常多,通过把新合成的脂肪除以原有的脂肪做一个比例成像,就可以把肿瘤给显示出来,这同时也验证了肿瘤组织里面的脂肪的代谢非常强。比例成像总是比普通的面标记成像具有更高的对比度,可以告诉我们代谢的情况,同时也可以看到肿瘤内的情况。喂重水可以把不明显的结构分出来,画一条线就可以看到肿瘤的界限,通过这样一个简单的探针就可以实现区分蛋白质、DNA、脂肪这样一个一石三鸟的效果。

以上就是我们所展示的三个方向,一个是小探针,实现荧光达不到的功能;第二是多色标记,现在已经做到10个颜色,未来希望做到50~100个颜色,未来十年让大家可以真正使用上拉曼多色标记;第三是用一个非常简单的重水标签,也就是一个碳氘键,区分不同组织,对于如此之小和简单的探针,可能在医学上有很重要的应用。

(记录人:杨驰 审核:闵玮 王平)

童利民 1991、1994年毕业于浙江大学物理系，获学士和硕士学位，1997年毕业于浙江大学材料系，获博士学位并留校工作。2001年获包兆龙包玉刚留学生奖学金资助，赴美国哈佛大学Mazur研究组访问进修。2004年回浙江大学工作，组建微纳光子学研究组（研究组官网 www. nanophotonics. zju. edu. cn）。现为浙江大学光电科学与工程学院教授，教育部长江学者特聘教授。主要从事纳米光子学原理、结构及器件，以及光纤技术方面的研究工作。首次实现亚波长直径纳米光纤的低损耗光学传输、纳米光纤-表面等离激元近场高效耦合、纳米线-硅基片上集成等工作，成功研制纳米光纤传感器、纳米线单模激光器、表面等离激元激光器、超快全光调制器等新型微纳光子器件。在*Nature*等期刊发表学术论文200余篇，出版学术专著1本。多项研究结果被*Nature*、*Nature Nanotechnology*、*Nature Materials*等期刊报道。曾获国家杰出青年科学基金、中国光学学会“王大珩中青年科技人员光学奖”、中国青年科技奖、霍英东教育基金会青年教师奖、国防科学技术奖、浙江省自然科学奖、OSA Fellow等荣誉。担任美国光学学会*Optica*期刊副编辑，*Chinese Optics Letters*、*Photonic Sensors*、*Chinese Physics B*、*Sensors*等期刊编委，*Optics Communications*期刊咨询编辑，以及美国光学学会R. W. Wood奖评奖委员会主席等学术兼职。指导博士研究生获得全国优秀博士学位论文提名、全国光学优秀博士学位论文等奖励。

第140期

Micro-nano Fiber and Its Application：Research Progress and Future Opportunities

Keywords：micro-nano fibers，sensor，modulator and laser

第140期

微纳光纤及其应用:研究进展及未来机遇

童利民

1. 微纳光纤简介

微纳光纤是光纤光学与纳米技术的完美结合,与传统的标准单模光纤相比,微纳光纤的直径通常接近或小于光的真空波长。微纳光纤具有以下几项良好的光学传输特性。(1) 强光场约束。微纳光纤具有强光场约束能力,其传输光束的等效模场截面尺寸一般在λ/n的量级(其中λ为传输光的真空波长,n为光纤材料的折射率)。同时,强光场约束使得微纳光纤具有微米级的低损耗弯曲半径,在器件小型化及高密度、短距离光互联等方面具有潜在优势。此外,亚波长尺度上的强光场约束能够显著改变微纳光纤表面的光子态密度,调控光纤表面发光原子等的自发辐射概率或量子状态。(2)强倏逝场。微纳光纤的超低表面粗糙度使其可以支持大比例倏逝场的低损耗传输,有利于增强微纳光纤与其他结构的光学近场耦合,并提高微纳光纤传感器的灵敏度。同时,强约束的强倏逝场能在微纳光纤表面形成大梯度的空间光场,产生较大的光学梯度力,用于操控冷原子或纳米颗粒。(3)小质量。由于微纳光纤的质量很小(比如,直径200 nm、长度10 μm的微纳光纤约为10^{-15} kg,10 fN),传输光的动量(比如,10 μW的光在1秒钟产生的光压约为10 fN)变化就有可能引起光纤明显的机械状态变化(比如机械振动),此特性可用于灵敏检测其中传输光子的动量变化,以及实现高效的光子和声子耦合或转换。

微纳光纤的基础模型是假设微纳光纤是标准圆柱,并且其包层直径无限大。对于常规的单模光纤,其芯区与包层的折射率差很小,常规光纤常常被称为弱折射率差导引光纤,其分析方法也通常采用弱导近似方法。与此不同的是,微纳光纤是一种高折射率差的波导,它的包层材料往往是空气或者低折射率液体,而芯层材料多为折射率较高的介质材料。光场在微纳光纤中的传播的麦克斯韦方程组可化简为如下的亥姆霍兹

方程:

$$\begin{cases}(\nabla^2+n^2k^2-\beta^2)\vec{e}=0\\(\nabla^2+n^2k^2-\beta^2)\vec{h}=0\end{cases}\tag{1}$$

对于不同的模式,得到的本征方程如下。对 HE_{vm} 和 EH_{vm} 模式:

$$\left\{\frac{J_V'(U)}{UJ_V(U)}+\frac{K_V'(W)}{WK_V(W)}\right\}\left\{\frac{J_V'(U)}{UJ_V(U)}+\frac{n_2^2K_V'(W)}{n_1^2WK_V(W)}\right\}=\left(\frac{v\beta}{kn_1}\right)\left(\frac{V}{UW}\right)^4\tag{2}$$

对 TE_{0m} 模式:

$$\frac{J_1(U)}{UJ_0(U)}+\frac{K_1(W)}{WK_0(W)}=0\tag{3}$$

对 TM_{0m} 模式:

$$\frac{n_1^2J_1(U)}{UJ_0(U)}+\frac{n_2^2K_1(W)}{WK_0(W)}=0\tag{4}$$

通过数值计算的方法,对(2)、(3)、(4)式求解可以得到微纳光纤的传输常数 β。几种典型直径(800 nm、400 nm 和 200 nm)的微纳光纤传输 633 nm 波长的光时基模光场的空间能量分布(坡印亭矢量)如图 140.1 所示。对于直径较粗的微纳光纤(如 D=800 nm),其光场的能量主要被约束在光纤的芯层内。随着微纳光纤直径的减小,越来越多的能量以倏逝场的形式在临近光纤表面的外部空间传输。

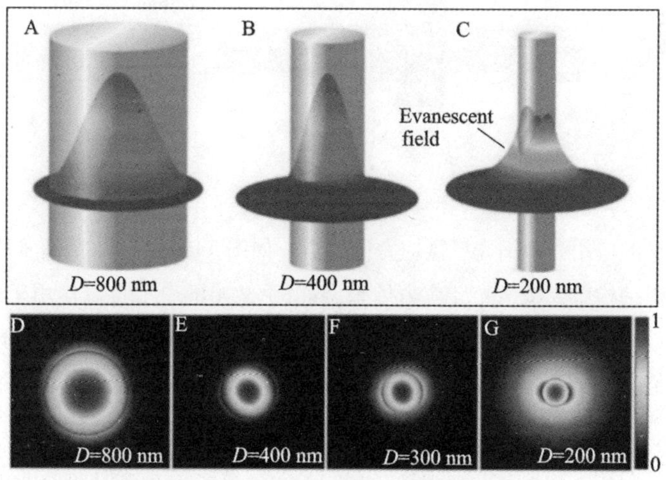

图 140.1　不同直径光纤下的倏逝场及能量分布图

对于微纳光波导而言,表面光滑度和几何结构的均匀度直接影响其传输损耗,因而其制备方法非常重要。相比于光刻、电子束刻蚀、化学生长及纳米压印等方法,利用火焰、激光或电加热拉伸玻璃光纤制得的微纳光纤的表面光滑度和结构均匀度在所有微纳波导中是最好的。用图 140.2 所制得的微纳光纤直径的不均匀度在 5 nm 之内,表面粗糙度在 0.2 nm 之内。

图 140.2 微纳光纤拉制装置

2. 微纳光纤传感器

微纳光纤不仅尺寸小,而且可以传输强约束的大比例倏逝场,在光学传感方面具有空间分辨率高、检测限低、灵敏度高、响应快、功率低等独特优势。如图 140.3 所示,当被测样品与微纳光纤导模(通常为光纤外的消逝波)相互作用时,光纤将通过散射、吸收、色散、发光等方式改变传输光的特性,我们在微纳光纤输出端测量输出光的强度、相位或光谱变化,就可以得知被测样品的相关信息。

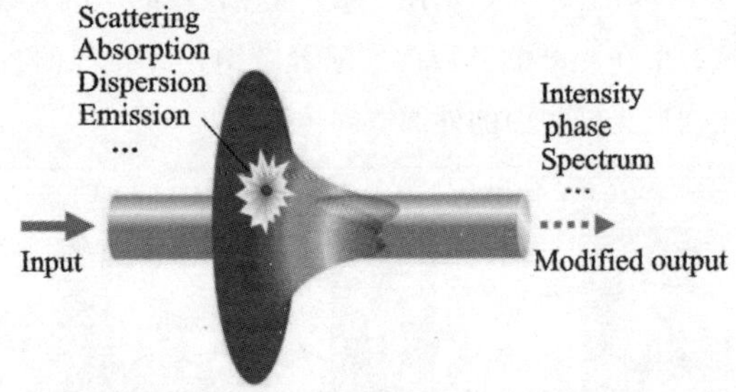

图 140.3 微纳光纤传感器原理

比较典型的应用有微纳光纤微应力传感器。如图 140.4 所示,用纳米压印 PMMA 微纳光纤光栅结构做成微纳光纤应力传感器,由于微小的直径可以作用于微应力传感(可测纳牛级),其灵敏度为 2.5 pm/$\mu\varepsilon$,动态范围大 (strain >5%)。其他的应用还有如液体折射率传感、用金属制成微纳光纤微环谐振腔的电流传感,等等。

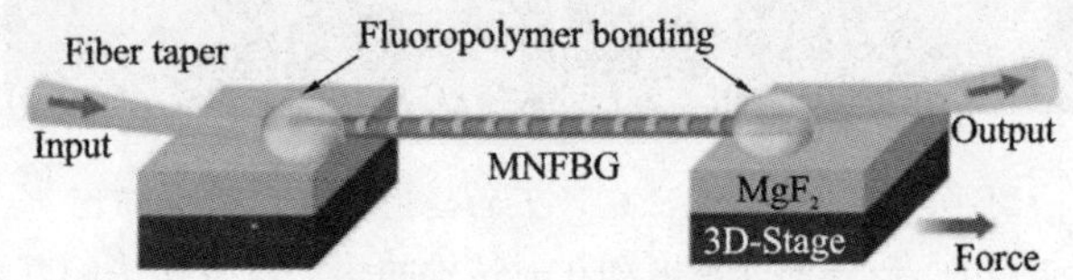

图 140.4 微纳光纤应力传感器结构图

微纳光纤传感器有很多优势,但同时也有很多可以改善的地方,例如如何保证微纳光纤不受环境的污染,如何向微纳光纤输送少量的样品,如何减小纳米光纤传感器的整

体尺寸等。比较常用的改善方法就是利用微流控芯片,用玻璃做成微流控通道,样品就从微流控通道进入。利用这个原理可以做成灵敏的吸收传感器、飞米级的光纤微纳传感器、快速响应的光纤湿度传感器等。

3. 微纳光纤光调制器

光调制器是将电信号转换为光信号的核心,也是实现高度集成的光互连发展的重要组件。相对于电光调制或声光调制,全光调制在全光互连或全光信号处理中具有独特的优点。

而研究石墨烯全光调制有以下两个潜在优势:第一,零带隙的线性能带结构使得任意波长的光子都能被石墨稀吸收,这意味着石墨稀光调制器具有超宽的带宽和光谱响应;第二,超强的载流子带间跃迁和超快的弛豫过程(在几个皮秒的时间范围内),保证石墨稀具有极快的光调制速率。考虑到石墨烯的本征响应时间为可以预见的,如果实现石墨烯的全光调制,则有望获得从可见光波段到红外波段的宽光谱范围内的超快调制器。

石墨烯包层微纳光纤结构如示意图140.5所示,石墨烯薄膜包裹在双锥形微纳光纤的锥腰部分。信号光从双锥形微纳光纤其中一端的标准单模光纤端面耦合进入样品中后沿光纤芯层传播,经光纤拉锥区开始部分光以消逝波的形式沿微纳光纤的外表面传导,部分光在经过石墨烯包裹的区域时与石墨烯发生相互作用并被石墨烯吸收,剩余少量光透过,从另一端输出。若同时将另一束功率较强波长更短的脉冲泵浦光(开关光)耦合进样品的输入端,则功率更强波长更短的脉冲泵浦光将率先被石墨烯吸收,使得石墨烯内载流子发生带间跃迁,并在脉冲持续时间内保持对其余光的吸收饱和(这一过程被称为“泡利阻塞”),此时,功率较弱波长较长的信号光获得开关脉冲时间内的透过。利用这种强泵浦开关光对弱信号光的饱和吸收调制,我们可以实现基于石墨烯包层微纳光纤的全光调制,且调制时间仅取决于石墨烯中载流子的本征弛豫时间(皮秒级)以及石墨烯包裹在微纳光纤上的光学长度。

石墨烯包层微纳光纤的制作方法如图140.6所示:(a)将胶带上的石墨烯准确地对准到微光纤的表面;(b)胶带和石墨烯覆盖在微光纤和玻璃衬底表面;(c)将整个玻璃连同胶带浸入溶液中静置数分钟后,胶带被完全溶解,而石墨烯则留在了光纤和玻璃衬底的表面;(d)用纳秒脉冲激光沿着光纤的轴向小心烧结石墨烯;(e)将光纤挑起后,石墨烯自然覆盖到了光纤表面。采用上述胶带辅助转移法所转移的石墨烯微纳光纤复合结构,不仅能自主选择不同尺寸的待转移石墨烯薄片和转移到微纳光纤表面的位置,而且转移过程中引入的污染物较少,转移完成后的插入损耗就相对较小。同时,由于石墨烯

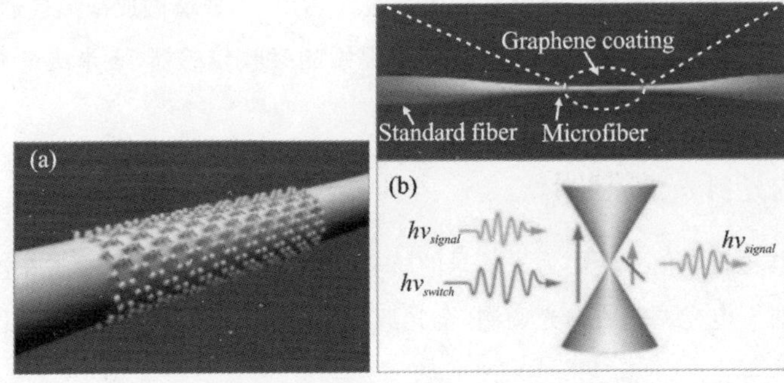

图 140.5 石墨烯包层微纳光纤结构

的宽度经激光切割后更适合光纤的直径,因此转移后的石墨烯包裹更加均匀,样品的光传输散射损耗也因此相对较小。

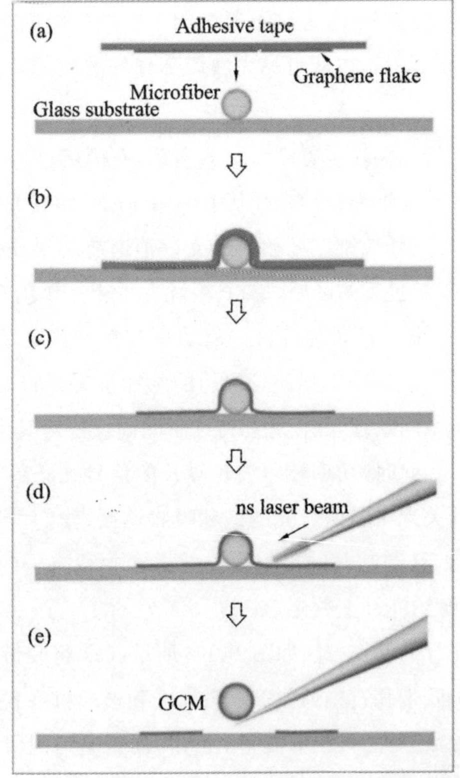

图 140.6 石墨烯包层微纳光纤制作方法

如图 140.7 所示为石墨烯全光调制器实验装置图,实验中采用钛宝石激光器,激光器的输出光分为两束,其中一束用作泵浦光,为减少泵浦光在样品中传输时的非线性效

应,我们在耦合进光纤中之前先将其经过一个中心波长为 789 nm 且宽度为 2 nm 的窄带通滤色片,使脉冲宽度展宽为约 500 fs。这样做的另一个好处是,确保脉冲在传输经过石墨烯包覆的区域时能与石墨烯发生完全的相互作用。实验时控制最高泵浦光功率,确保泵浦光不在光纤中产生明显的非线性效应。另一束光则耦合进光参量放大器中,产生 1550 nm 的脉冲光来做探测光。由于探测光的功率较小,可以忽略其产生的非线性效应,因此我们未对其脉宽进行优化。延迟线做在探测光路中,泵浦光和探测光经二向色镜合束后再经透镜耦合进入样品,残余的泵浦光经带阻滤色片滤除。对比实验显示,泵浦光已经被完全滤除,排除了其对实验结果的干扰。经样品后的探测光被耦合输出到光电探测器中,并经示波器获得被调制信号的波形。

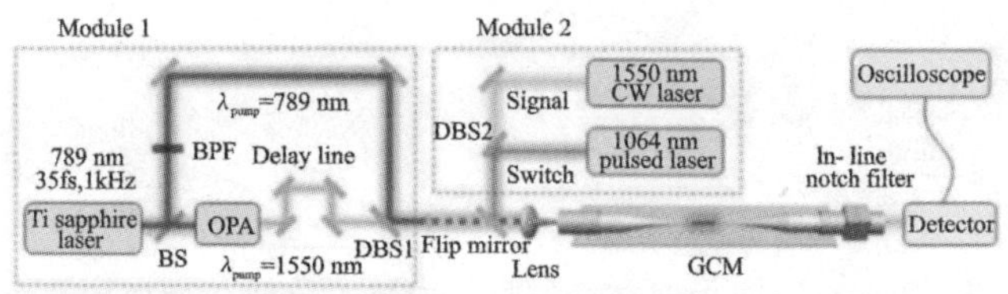

图 140.7　全光石墨烯调制器结构图

我们对给定直径为 1.2 μm 的微纳光纤中传导模式的光功率密度的模场分布情况进行了仿真计算,计算结果如图 140.8 所示,在光纤与空气界面处的功率密度跳变,是由于折射率的显著跳变造成的。图中给出的分别是三种不同波长(分别为 789 nm、1064 nm、1550 nm)的光的模式分布。

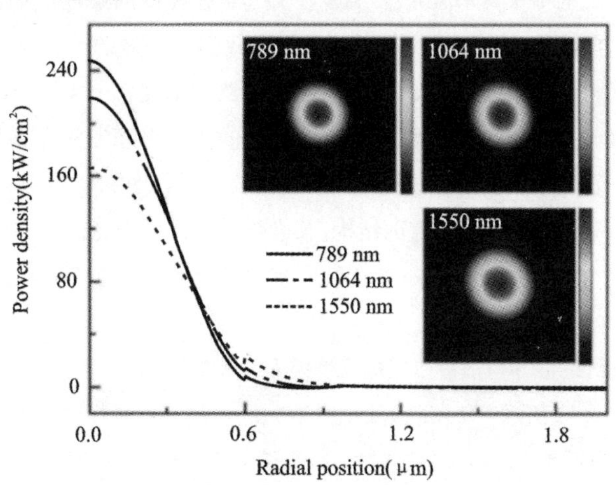

图 140.8　传导模式的光功率密度的模场分布

基于石墨烯的光调制器由于其具有超高速和宽带响应特性,最近受到了广泛的关注。然而,它们的调制深度(MD)和总透射率(OT)常常受到带间跃迁引起的光损失的限制。如图 140.9 所示的是一种全光纤光调制器,它具有一种马赫-曾德尔干涉仪结构,它比石墨烯损耗调制器的调制深度深两倍以上,它基于将干涉仪的石墨烯包层臂中的光诱导相位调制转换为干涉仪输出的强度调制的思想,该装置在实际应用中可以被集成到光子系统中。

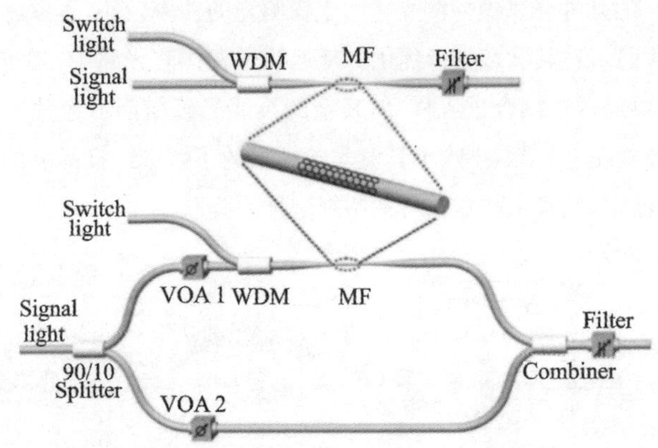

图 140.9 微纳光纤全光相位调制器结构图

4. 微纳光纤激光器

我们早期的工作主要是做微纳光纤微环激光器,比如和中国科学院上海光学精密械研究所合作完成的稀土离子激光器,和复旦大学合作完成的染料激光器,但是由于功率比较低导致这些成果的实用性比较低。近年来我们主要做的是锁模激光器,如果调制深度足够的话可以用来做光调制器,因为较小的调制深度就有较短的饱和吸收层,从而得到较小的吸收损耗和表面场增强,因此有较低的锁模阈值功率,如图140.10所示。

基于石墨烯覆盖的微纳光纤锁模激光器实验装置图如图 140.11 所示,微纳光纤直径为 1.5 μm,石墨烯使用双层覆盖的结构,长度为 20 μm。激光的输出性能如图所示,腔长为 24 m,泵浦光为波长 975 nm 的连续光,功率为 24 mW 的锁模激光器输出峰宽度为 970 fs。

由于微纳光纤的波导色散可以比标准单模光纤大 2~3 个数量级,因此可以用来做色散补偿。如图 140.11 所示为 1 μm 波段的微纳光纤色散补偿锁模激光器结构图,泵浦光是 976 nm,增益光纤是 15 cm 长的掺镱光纤,腔长为 1.7 m,其插入损耗可低至 0.06 dB。如图 140.11 所示实线是有微纳光纤进行色散补偿后的强度随波长变化图,虚线是没有微纳光纤进行色散补偿的强度随波长变化图,从图中的对比很明显可以发现用微纳光纤进行色散补偿之后其工作带宽得到了显著的提升。本实验中最终的脉宽为 110 fs。

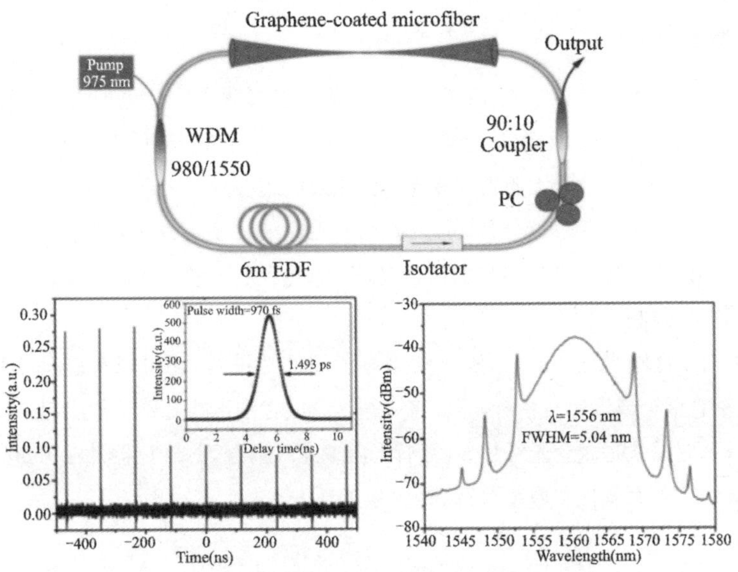

图 140.10　基于石墨烯微纳光纤锁模激光器

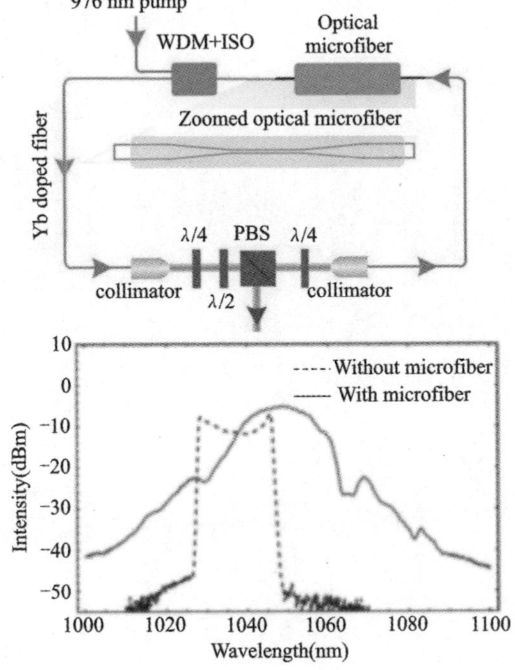

图 140.11　微纳光纤色散补偿光纤锁模激光器

5. 未来机遇

除了上述所提到的微纳光纤在传感器、调制器和激光器中的应用之外，微纳光纤还有很多典型的应用，如微纳光纤光栅、在原子/量子光学中的应用、非线性光学效应及器件、表面等离激元、其他光无源器件和光力作用及应用等。

对于光纤传感器而言，探测单分子时，由于大分子尺寸在 20 nm 左右，小分子只有 2 nm 左右，因此为了探测到足够强的信号光，需要减小光纤尺寸从而减小样本光之间的相互作用力的限制。

另外对于微纳光纤的封装，除了利用微流控芯片进行，还可以与硅基芯片进行结合，利用垂直耦合或者竖直耦合，可以将微纳光纤或者纳米线与硅基集成起来。

另一个应用就是做全光纤超导探测器，微纳光纤耦合 SNSPD 器件在 1550 nm/1064 nm 工作波长下，系统探测效率可达到 20%/50%。

张浩 美国西北大学生物医学工程系教授，分别于1997年和2000年在上海交通大学获得学士和硕士学位，2006年获得得克萨斯A&M大学博士学位。2006—2007年在华盛顿圣路易斯大学做博士后。与同事一同首次实现了光声显微成像技术（*Nature Biotechnology*，2006；*Nature Protocols*，2007；*PNAS*，2010）和多光谱超分辨成像（*Nature Communications*，2016），也首次观测到了DNA固有的随机荧光发射的过程（*PNAS*，2016）。先后获得NSF CAREER Award（2010）、NIH Director's Challenge Award（2010）、NIH IMPACT Award（2015）、SPIE Translational Research Award（2016）、US National Academy of Sciences Cozzarelli Prize（2017）等奖项。研究兴趣包括OCT、超分辨成像、单分子成像、视觉科学和癌症等。担任*Biomedical Optics Express*的编委。2015年，联合创办了Opticent Health公司来对实验室发展的OCT技术进行商业化。更多信息请参考http://foil.northwestern.edu或www.opticenthealth.com。

第141期

Functional Optical Imaging：From Single Molecules to Human Eyes

Keywords：super-resolution imaging，spectroscopic photon localization microscopy，OCT Oxygen metabolic imaging，blinding diseases

第141期

功能光学成像——从单分子到人眼

张 浩

1. 光谱光子定位成像

1)超分辨定位成像

一直以来,光学显微成像的分辨率都受限于衍射极限,一般只能达到几百纳米。直到20世纪90年代科学家们才首次提出了真正意义上突破衍射极限的成像技术,将光学成像系统的分辨率提高了一个数量级,此类技术被统称为超分辨成像技术。2014年诺贝尔化学奖被授予Eric Betzig、Stefan W. Hell和William E. Moerner,以表彰他们在超分辨成像技术领域取得的成就。

超分辨成像技术根据其成像原理分为两类:一类是基于单分子定位的超分辨定位成像技术,主要包括光激活定位显微成像(PALM)和随机光学重建显微成像(STORM);另一类是基于特殊强度分布照明光场的超分辨成像技术,主要包括结构光照明成像(SIM)和受激发射损耗显微成像(STED)。其中,超分辨定位成像技术凭借简单的成像系统和温和的实验条件备受科学家们的青睐。但是普通的超分辨定位成像一般只能获取荧光分子二维或三维的高精度的空间位置信息,无法获取和分析荧光分子的光谱信息,实现多色超分辨定位成像。因此,有必要改进现有的超分辨定位成像技术,以弥补该类技术在多色成像方向的缺陷,增强其在生物医学研究中的实用性。

2)光谱光子定位成像

现有的多色超分辨定位成像技术主要包括以下几类。一类是基于分时成像的思想,先后对生物样品同一区域中的不同荧光分子进行成像。一般通过改变激光光源或者配对的染料分子,每次对不同类别的荧光分子成像,最后将所有的荧光分子重建到一张超分辨图像中。此类方法不需要对成像系统做太多改进,但是会增加成像时间,而且只适用于不同激发光源的荧光标记物。第二类是基于分光成像的多色成像技术。该类方法利用分光镜将不同荧光分子的发射光谱分光到不同的探测光路上,可以同时对两种荧光分子进行成像,此类成像方法只适用于荧光分子发射光谱无明显重叠的情况,而

且只能够同时对有限的通道数进行成像。第三类是基于光谱展开的多色超分辨定位成像。该方法将荧光分子的光谱在空间上展开，通过分析荧光光谱来区分不同的荧光分子。该类方法可以区分光谱高度重叠的荧光分子，而且可以同时成像多种荧光标记物。但是，该方法需要分出大部分荧光信号用于光谱分析，所以会减弱用于空间定位的信号强度，从而降低成像分辨率。因此，实际应用中需要兼顾成像分辨率和光谱分辨率。

我们发展的基于光栅的光谱定位成像技术（SPLM）就属于第三类基于光谱展开的多色超分辨定位成像。我们利用光栅将荧光信号分为零级光和一级光，其中零级光用于分析荧光分子的空间位置信息，一级光的光谱被光栅在空间上展开，通过后续的光谱区分不同的荧光信号，进而确定荧光分子的种类。SPLM 将单个荧光分子的荧光信号分为两部分，分别用于定位和光谱分析。成像荧光分子时需要同步采集两部分荧光信号，便于信号匹配，所以我们将分开的两束光投射到一个 EMCCD 的两个区域，从而实现绝对的同步采集。相对于基于棱镜的光谱定位成像技术，SPLM 无须额外的分光模块，成像系统较为简单，而且可以通过改变光栅狭缝的密度实现不同的分光比，更好地兼顾成像分辨率和光谱分辨率。

SPLM 除了可以将超分辨定位成像和光谱分析结合起来，还可以利用光谱分析提高成像系统的空间分辨率，提高重建超分辨图的准确性。我们分别用普通的超分辨定位成像技术和 SPLM 对生物大分子进行成像，成像结果表明普通超分辨定位成像无法区分空间距离很小的两个生物大分子，而 SPLM 能够利用光谱信息将空间距离很小的两个生物大分子区分开，从而提高了系统的空间分辨率。

为了验证 SPLM 的成像效果，我们用 Alexa Fluor 568 和 Mito-EOS 分别标记了细胞的微管结构和线粒体，在我们的 SPLM 系统上进行成像，重建的超分辨图可以清晰展示细胞的微管和线粒体，并且能够展示出两种生物结构的相互作用。值得一提的是，我们用的两种荧光标记物的发射光谱高度重叠。所以，SPLM 不仅可以实现多色成像，而且能够分析高度重叠的荧光光谱。此外，我们还发现由于系统内自发荧光的发射光谱和荧光标记物的发射光谱不一致，SPLM 可以识别自发荧光，进而将其从最终的重建图中去掉，避免对生物学分析产生干扰。

2. vis-OCT

1）OCT

光学相干断层扫描技术（Optical Coherence Tomography，OCT）是近年来快速发展的一种成像技术。它利用弱相干光干涉仪的基本原理，检测生物组织不同深度层面对入射弱相干光的背向反射或几次散射信号，通过扫描，可以得到生物组织二维或三维结构图像。作为一种新的光学诊断技术，OCT 可进行活体眼组织显微结构的非接触、非入侵性断层成像。OCT 在眼内疾病尤其是视网膜疾病的诊断、随访观察及治疗效果评价等方面具有很好的应用前景。

OCT 具有损伤小、成本低、耗时短的优势,可以清晰成像眼睛内的毛细血管,基本可以替代血管造影,而且能够兼容组织成像。但是,普通 OCT 用于眼科疾病的氧代谢检测时,由于近红外波段的光对血红蛋白的灵敏度不够高,只能检测尺寸和血流,不能检测氧饱和度,所以无法很好地进行氧代谢的成像及检测。因此,有必要改进现有的 OCT 的技术,以弥补 OCT 技术在氧代谢检测中的缺陷。

2) vis-OCT

我们用蒙特卡罗模拟光谱分段的 OCT 成像,结果表明可见光波段的 OCT 能够准确检测氧饱和度而红外光波段却无法检测。基于以上发现,我们发展了基于可见光的 OCT 技术(visible-light OCT 或 vis-OCT),其中系统的光谱带宽为 85～100 nm,在组织中的空间分辨率约为 1 μm。

我们通过检测氧饱和度来验证 vis-OCT 的效果,利用高斯窗选择部分可见光谱进行 OCT 成像,并且通过改变高斯窗的位置对整个光谱进行平扫,得到不同高斯窗对应的 OCT 重建结果,从而分析出了氧饱和度在不同光谱信号下的特性,最后利用最小二乘重建的方法,得到细胞的血氧含量。由于 vis-OCT 提高了图像的对比度,我们能够清晰地观察到毛细血管等结构的空间分布。

3) vis-OCT 在临床上的应用

在验证了 vis-OCT 的成像效果之后,我们开始探索 vis-OCT 在临床诊断和治疗中的应用。我们首先研究了小鼠体循环氧饱和度和视网膜氧代谢率之间的关系,通过控制小鼠供气中氧气的含量,使小鼠经历一个从高氧到缺氧的过程,然后用 vis-OCT 监测整个过程小鼠全视网膜氧代谢率的变化,最终得出结论:小鼠在血氧含量下降时视网膜的氧代谢率反而不断升高。进而验证了在体循环氧含量减少的情况下,小鼠体内具备通过提高视网膜氧代谢率来保证眼部足量氧供给量的机制。

此外,我们还将 vis-OCT 用于糖尿病患者眼底病变血管增生的研究和治疗。医学上对糖尿病患者眼底病变发病机理的假说是在高糖情况下,人体内血氧的自我调节机制缺失导致供氧不足,人体自身会调节激素分泌从而刺激眼底血管增生,最终引起出血甚至失明,但是该假说无法从临床试验中进行证明,也无法检测缺氧的起始点和缺氧程度。我们通过对小鼠进行处理使其患有严重的视网膜疾病来模仿人体的视网膜眼底病变,然后用 vis-OCT 监测小鼠视网膜氧代谢率的变化,同时用病理学研究的方法监测小鼠眼睛内血管增生的情况,最终 vis-OCT 结果表明,小鼠在第 11 周氧代谢率明显升高,这表明小鼠眼睛的高代谢率会引发视网膜供氧不足,而在 25～30 周病理学研究发现小鼠出现了血管增生,这就证实了糖尿病眼底病变血管增生是由缺氧引起的假说。而且,我们还能准确判断出小鼠出现缺氧的时间,将发病的诊断时间提前,进而可以指导用药,达到延后发病的目的。

vis-OCT 还可以用于青光眼的早期诊断。临床上一般是通过检测人眼的眼压、视反比和视网膜厚度来诊断早期青光眼,所以我们也尝试用 vis-OCT 检测视网膜的厚度来

判断视神经的活性，从而实现青光眼的检测。我们用镊子夹断小鼠一半的视神经，使得小鼠视网膜上的神经一半是正常的，而另一半则逐渐死亡，最后导致两边视网膜厚度不一致。我们用 vis-OCT 检测两边视网膜厚度的变化，发现一周之后两边视网膜的厚度明显不一致，说明镊子夹断的一边视神经大部分已经死亡。虽然 vis-OCT 的成像结果是在一周之后才显示出视网膜厚度的变化，但是其光谱信息在实验一天之后就已经表现出明显的区别，此时视网膜的组织成像还没有发生明显变化，这表明 vis-OCT 可以更早地诊断出青光眼，这对于临床诊断和治疗具有重大的意义。

为了将 vis-OCT 更好地应用于临床研究，我们将该技术仪器化，通过不断地改良，我们将 vis-OCT 仪器的光功率降到 220 μW，在临床应用上的光学安全性要优于市场上的其他同类仪器。目前，我们的 vis-OCT 检测仪器正在合作医院开展临床试用，用于人类致盲性疾病和脑部疾病的检测和诊断。

3. 总结

本文主要介绍了我们实验室研究的两种光学成像技术，光子定位显微成像和 vis-OCT，来填补临床诊断和基础生物医学研究的空白。在超分辨成像研究中，我们发展了光谱光子定位成像技术。传统的光子定位成像通过分析单个分子随机发射的光子的空间分布特征，来重建超分辨光学图像。SPLM 还捕获了这些光子固有的光谱特征，通过分子识别和复原，在不显著增加图像帧数的前提下，SPLM 可以达到 10 nm 甚至更高的分辨率。利用 SPLM，我们还可以进行多分子超分辨成像，可以使用多个发射光谱只有细微差别的荧光标记物。

此外，我们还发展了 vis-OCT 技术，弥补了普通 OCT 无法用于氧代谢成像的缺陷，可以用于提取比高质量解剖成像更多的病理和生理学信息。我们还将 vis-OCT 用于糖尿病眼底病变发病机理的研究和青光眼的早期诊断等临床应用。而且，我们已经将 vis-OCT 仪器化，并且已经开始在合作医院开展临床试用，用于人类集中致盲性疾病和脑部疾病的检测和诊断。

（记录人：商明涛　审核：黄振立　张浩）

汪国平　1994年获得四川大学光学专业博士学位，先后在大阪大学、东京工业大学、香港科技大学、南洋理工大学做博士后和访问学者。现为深圳市国家级领军人才，深圳大学特聘教授，电子科学与技术学院院长。曾任武汉大学二级教授、珞珈学者特聘教授。获国家自然科学奖二等奖、湖北省自然科学奖一等奖、教育部首届全国高校优秀骨干教师奖等多项奖励。国家自然科学基金委数理科学部、信息科学部专家评审组成员，指导的博士生分别获得2009和2010年度全国优秀博士论文提名奖。在光学超材料、光学超分辨成像与传感、表面等离激元纳米光子学等前沿领域取得多项创新性研究成果，发表SCI论文100多篇，包括*Phys. Rev. Lett.*、*Nature Commun.*、*Phys. Rev. Appl.*、*Phys. Rev. B*（*Rapid Commun.*）、*Appl. Phys. Lett.*、*Opt. Lett.*、*ACS Nano*、*Nanoscale*等60余篇，合著英文专著*Plasmonic Nanoguides and Circuits*一部。主持包括国家杰出青年科学基金项目、国家自然科学基金重点项目、科技部纳米重大专项课题、教育部新世纪优秀人才计划等省部级以上研究项目20余项。

第142期

Introduction to Metamaterials and Metasurfaces

Keywords: metamaterial, metasurface, optical grating, negative refractive index

第142期

超材料与超表面

汪国平

1. 背景介绍

超材料(metamaterial)是一种人工的微结构材料。2000年,“超材料”这一概念首次被D. R. Smith提出。“meta-”在希腊语里面是“超越”的意思,所以现在把这种材料叫超材料。超材料因为颠覆了自然界材料的性质先后三次被《科学》杂志评为全球十大科技进展。超材料的性质与材料本身的化学组分无关,仅由组成其的微结构决定。超材料在光学领域被首次提出之后,后来被扩展到很多领域,如:声波、弹性波、热场等。这次论坛我们主要讲在电磁波,特别是光波领域的超材料及其性质。

2. 超材料导引

在电磁波领域,麦克斯韦方程组主宰着电磁场的传播等各方面的特性。由于材料对外场的响应主要取决于两个参数——介电常数和磁导率,所以我们可以使用这两个电磁参数对材料进行分类。我们以介电常数ε为横坐标,以磁导率μ为纵坐标,建立坐标系。对于第一象限的材料,也就是我们常见的透明介质材料(如玻璃),折射率的平方$n^2>0$,由麦克斯韦方程组可以知道,光在这种介质中是正常传播的。对于第二象限的材料,也就是金属材料,$\varepsilon<0$,$\mu>0$,$n^2<0$,这时麦克斯韦方程组的解是非传播解,电磁场是隐失场,光无法穿透这种介质,所以可以利用金属材料制造平面镜等。对于第四象限$\varepsilon>0$,$\mu<0$,此时麦克斯韦方程组的解也是非传播的。由于这种材料在日常生活中很少见,所以通常不考虑。在这里,我们着重讨论第三象限的材料。这时,折射率的平方也是大于0的,与第一象限一样,在麦克斯韦方程组里也可以得到传播的解。虽然这个解在理论上可以存在,但在自然界中却没有这种材料存在,所以这个解通常情况下也被放弃,而超材料正是基于第三象限的材料性质而被定义的。对于第一象限的材料,我们通常将其称为右手材料,即$E\times H$满足右手螺旋定则,而第三象限的超材料的$E\times H$满足左手螺旋定则,所以称为左手超材料,左手超材料是超材料中很重要的一类。由于理论

上第三象限的解是存在的，所以苏联科学家 Veselago 在 1968 年就在理论上提出，如果取折射率为负，电磁波也可以传播，但这时会产生负折射，即坡印亭矢量的方向会和普通材料不一样。此时就会产生很多目前材料所不具有的性质，我们后面会简单介绍。

那么就有了两个问题，第一是如何产生负的介电常数 ε 和磁导率 μ，第二是我们如何验证材料产生了负折射率。1996 年 Pendry 就提出了一种人工微结构来实现负介电常数和负磁导率。对于常规的材料，介电常数 ε 和磁导率 μ 是通过原子的极化来产生的，是材料本身的性质。但是对于 Pendry 提出的“metas”，其单元不是由原子和分子构成的，它是一种人工的微结构单元组合而成，形成我们想要的性质。“metas”对于单元结构尺寸要求很严格。一般而言，几何光学和衍射光学需要器件的单元尺寸是光波波长的 10 倍以上；对于光子晶体，其单元尺寸和波长差不多；而“超材料”的单元结构比波长小一个数量级。

从上面的分析可以知道，超材料的实现存在以下困难：一是单元结构比光波波长小一个数量级，使得制备很困难；二是材料本身在光学频段是不具有磁性的，但是超材料需要有磁性。基于此，Pendry 提出来开环金属结构。其中开口对应 LC 振荡电路里的电容器，金属线条充当电感。当有动态的电磁波穿过这样的结构时，就会产生振荡。基于法拉第电磁感应定律和欧姆定律，开口谐振环就会产生环形电流，继而产生磁偶极子。但此时照明方向必须平行于微结构表面，这不利于制备和测试利用。在此之后，基于制备的要求又有许多其他的结构提出来，如双开环、多开环、板条和线条结构，其中部分结构可以垂直照明。这些新的微结构增强了谐振，同时使制备的难度降低，更方便利用。

2000 年，D. R. Smith 团队基于开口谐振环的散射单元，在一维方向上完成了超材料的实验验证。2001 年，R. A. Shelby 等人又在实验上利用超材料实现了二维空间的 ε 和 μ 小于 0。在此之后又有许多结构被制备出来，如 U 型结构、双开环结构、非对称结构、渔网结构等。其中，J. Valentine 等人利用渔网结构在 2008 年首次实现了可见光波段的负折射。由此可以发现，超材料的进展是非常迅速的。

基于负折射，很多应用就可以发展起来。对于透镜，从几何光学可以知道，在光学系统满足成像条件时(无像差)，物体可以在像平面成一个完美的像。但是波动光学指出，对于波矢 k 垂直于传播方向的光，即空间频率足够高时，此时波矢 k 的平方小于 0，光场是不传播的隐失场。由于部分高频光场不传播，像平面上是一个不清晰的像。但是利用负折射，我们有可能得到一个完美的像。即对于这样的非传播的隐失场，通过表面模式产生共振，在一定厚度范围内，也可以使这个非传播的场透过介质达到另一边，此时在近场像平面就可以得到一个完美的像。此时这样的完美的平板透镜应该满足如下规律：折射率为负部分的光程等于折射率为正部分的光程。由此我们可以实现完美的光学成像。由负折射带来的另一个好处是在制造方面，即我们不用制造曲面的透镜，只需要制造一个平板，制造容易很多，成像精度也更高。对于国内的厂家来说是一个很好的机会。

如何去理解完美透镜呢？从傅里叶光学可以知道，物体的出射光波既可以在实际空间中表示为复振幅分布，也可以在频率空间中表示为角谱分布。角谱经过任何一段过程后，其传播由传递函数来确定(在实际空间中由点扩展函数来决定)。知道物的复振幅或者角谱之后，又知道系统的点扩展函数或传递函数，那么物体经过系统的成像质量就可以确定。对于负折射率平面透镜，负折射率部分的传递函数和正折射率部分的传递函数是共轭的，在经过这样的系统传播后，物和像的角谱是相同的，所以物体就可以在像平面上成一个完美的像。直观上讲，这个系统没有经过衍射过程，高频部分没有损失，因此可以得到一个完美的像。遗憾的是，到目前为止，完美透镜还没有被实验证明，因为很难制造一种既满足 ε 小于 0 又满足 μ 小于 0 的均匀介质。N. Fang 等人实现了初步的实验验证。他们利用 35 nm 厚的银膜，实现单个 $\varepsilon<0$，在波长为 365 nm 的光的照射下，系统的分辨率远小于衍射极限 $\lambda/2$。由此可以看到，由单个的 $\varepsilon<0$ 的平板就可以实现超分辨的成像，因此把它叫做“超透镜(super lens)”。

除了四个象限内的材料，人们也在关注坐标轴上的材料。目前受到关注较多的是纵轴($\varepsilon=0$)材料和原点附近的近折射率为 0($\varepsilon=0,\mu=0$)的材料。这类材料出现以后也有很多很好的应用。零折射率材料不受前面“matematerial”结构的限制，主要是光子晶体的结构，利用等效的思想实现近零折射率。零折射率材料也可以实现“隐身”，即介质内的非均匀散射杂质不影响光的传播。后来又有人利用全电介质和平面器件实现近零折射率。近零折射率材料另一个重点是光子掺杂(photonic “doping”)。对于无杂质的近零折射率材料，其阻抗无限大，和空气的阻抗不匹配，因此光的透过率很低。通过掺入杂质，使得材料整体的阻抗和空气相匹配，增加光的透过率，同时近零折射率材料中，杂质会“隐身”，并不会影响光场的传播。

有了这些基础工作之后，我们就可以发展变换光学。由于我们可以控制材料微结构单元来实现任意的折射率，所以可以通过“空间的扭曲”控制光的传播路径。通过“空间扭曲”可以实现很多应用。首先就是完美的隐身。我们知道，光在均匀介质中沿直线传播，当介质之中被放置折射率不同的物体时，光就会受到物体的散射，不再沿原来的方向出射。但是，当我们可以任意控制介质折射率时，使物体和周围介质的折射率满足一定条件时，光经物体散射后依然沿原来的方向出射，这时就无法探查到光与介质中散射物体的相互作用，就可以实现该物体的完美隐身。此时，所需的介质折射率可以由麦克斯韦方程组导出，结果表明这些参数完全由物体的几何参数决定。这一理论在 2006 年提出，并很快得到初步的实验验证。基于变换光学的隐身和传统隐身或伪装是不一样的。传统方法只是让我们观察不到物体，但物体对于光线的散射作用还是存在的，光线依然发生了偏折。进一步地，利用这种互补介质器件还可以实现远程隐身和光学幻象等功能。从傅里叶光学来讲，只要设计好传递函数就可以将物体的信息隐藏掉。再进一步地希望将其用到高分辨成像上。例如在生物成像上，光照射到样品表面时，大部

分光被散射掉，穿透深度很小。而我们可以利用超材料将表面的散射层(噪声)隐藏掉，让光透射到需要探测的地方。这一思想被提出来后，在 2012 年被评为十大物理学进展。

3. 超表面导引

由于三维器件的加工比较困难，且超材料损耗较大、体积大、难以集成，所以我们希望将其做成平面器件，即超表面。传统的光学器件是通过光程的累加，即 $d \cdot n$ 来获取需要的相位，以实现光学成像，这种相位是连续的相位。而超表面不同，其利用的是散射相位。超表面由许多散射单元组成，每一个散射单元通过散射使出射光和入射光有一个相位突变。根据需要，将散射结构排列起来就可以得到需要的相位分布，这种相位是离散的。到目前为止，一共有三类相位调节的方式：一是通过共振，包括金属等离子激元共振和电介质结构共振；二是通过调整几何取向来实现相位的变化，即 Pancharatnam-Berry 相位或者几何相位；第三种是两种方式的叠加。超表面通过一个很薄的结构就可以完成不同光程的调控，实现通过光程累加的传统器件的功能。2011 年，哈佛大学 Cappaso 课题组首次提出“超表面”这一概念。之后，超表面迅速成为研究的热点，取得了一系列进展。

(1)产生涡旋光束。利用散射单元实现 0 到 2π 的相位变化，将其组合起来将高斯光束转化为涡旋光束。

(2)波型-波前转换。即将入射平面波全部转化为表面波。由于平面波和表面波的波矢相差太大，一般情况下很难实现 100%转化。通过超表面构成闪耀光栅，当闪耀级足够大时，实现两者波矢匹配时，就可以实现从平面波到表面波的高效转化。

(3)全息显示。不需要记录、曝光、显影等，通过散射单元的变化得到想要的相位就可以得到全息显示。

(4)超透镜。2016 年 Cappaso 课题组实现了在一个平面上的超透镜。同年，该成果被《科学》杂志评为全球十大科技进展。

(5)宽频消色差超表面。之前的超表面都是针对特定的频率(波长)，通过组合不同的超表面单元可以实现多个波长的同时工作。

(6)隐身。即平面波入射在凹凸不同的面上，由于凹凸界面上的超表面结构使得反射波依然是平面波。

目前超表面的发展存在以下的问题：一是要求同轴入射(角度变化范围小)；二是消色差效率较低。那么如何去解决呢，下面我简单介绍一下我们课题组在超表面方面的工作。

(1)波前整形。按照经典的波动光学理论，当光栅的周期小于波长时，光栅的衍射角大于 90°，光无法透过光栅。但是当我们利用金属来制造光栅，光不仅仅可以透过，且透过的光强大于照射到狭缝上的光强，即超透射。同样利用这种结构，为了避免透射损耗,我们在下面增加一个金属反射层,做成反射结构。超透射的原理是表面等离子体激元的局域模式受到角度的影响很小。此外应用这种性能,利用反射还可以将零级衍射光 100%抑制、提高光场转换效率,实现大角度入射。当狭缝较窄时,其频带较窄,当狭缝变宽时,频带变宽,可以得到在各个波长的局域模式。由此,我们实现宽频宽角高衍射效率的超表面器件。有了这些基础,我们就考虑将其做成器件。

根据广义折射定律,利用超表面的相位,通过光栅周期也可以得到需要的相位。这种方式的制造会很方便。此外对于消色差,可以通过改变光栅的深度,在可见光波段,将不同波长的光局域在不同的深度中。因此设计不同深度的光栅实现红、绿、蓝三色的光各自限制在各自的沟槽内。由此,我们通过不同单元的组合,设计宽波段的超表面,完成了不同波长的光入射、衍射方向一致的反射性超表面和不同波长的光入射、聚焦点一致的透镜。我们目前只能实现几个非连续波长的消色差,难以实现整个连续波长的消色差。

(2)Fano 共振。Fano 共振在许多方面都有着应用,比如传感、激光器等。Fano 共振由两个非对称模式产生。目前面临的问题是 Fano 共振超辐射(明模)与非(亚)辐射模式(暗模)难以独立调控。我们设计了一种光栅结构超表面,通过调整单元结构内部光栅周期来调整 Fano 共振的暗模,通过调整单元结构之间的周期来调整 Fano 共振的明模,实现 Fano 共振的对称性从负到正的连续调谐,当两者正好重合时,即出现类电磁诱导透明现象。后来,我们在微波段用印刷电路板对此进行了实验验证。这些对于日后 Fano 共振的应用有着非常重要的作用。

(3)超分辨成像。高空间频率纳米结构信息以非传播隐失场(消逝波)形式存在于物体表面近场区域,呈指数衰减,导致不可能进行自由传输与远场探测。传统的远场光学成像系统的分辨率在可见光波段很难突破 200 nm 的壁垒,这就是衍射极限。目前用得比较多的方法是利用随机纳米颗粒,即使纳米颗粒散射高频的隐失场,减小隐失场的波矢大小,从而使一部分隐失场进入成像系统中,增加显微镜的数值孔径。这种方法的缺点在于散射是随机的,因此分辨率难以准确预言。所以后来利用光栅周期来代替随机纳米颗粒,但由于光栅周期是固定的,波矢平移固定,分辨率存在盲区。基于这些问题,我们提出准周期光栅超表面来弥补分辨率盲区。利用该准周期光栅,将近场隐失场转化为传播场,在远场就可以探测到物体的信号。利用斐波那契光栅,入射光波长为 λ,我们可以实现 $\lambda/9$ 的分辨率。

4. 总结

超材料和超表面所具有的奇异特性,为灵活调控光场奠定了基础,为制备新型光学元件与系统集成提供了新途径,有望在未来众多科技领域产生颠覆性的作用。

(记录人:张金润　审核:王健)

韩礼元　上海交通大学材料科学与工程学院金属基复合材料国家重点实验室讲席教授，日本国立物质材料研究所首席科学家。1988年毕业于日本大阪府立大学应用化学专业，工学博士。先后在日本DIC公司和Sharp公司工作了18年。2008年被邀请到日本国立物质材料研究所担任下一代太阳电池中心主任。韩礼元教授在提高电池的转换效率和模块技术创新上有很高的造诣，在*Science*、*Nature*、*Nature Energy*、*Nature Communications*、*Joule*等期刊上发表了200多篇高水平学术论文，申请专利150多项。今后的主要研究方向是开发大面积、高效率、高稳定性的钙钛矿电池以及推动该电池产业化进程。

第143期

High Performance of Perovskite Solar Cells: From Cells to Module

Keywords: perovskite, PSCs with 1cm^2, stability, large-area perovskite, module, cost-performance analysis

第143期

高性能钙钛矿电池:从电池到模块

韩礼元

1. 钙钛矿简介

钙钛矿(perovskite)因俄国科学家 Perovski 最早发现而得名,是一类氧化物的统称,其化学通式为 ABO_3。2009 年日本科学家 Miyasaka 首先把钙钛矿这种材料用到太阳能电池中。在钙钛矿电池中,钙钛矿作为吸光层,其主要结构是卤化物钙钛矿,化学通式为 ABX_3。一般情况下,典型的钙钛矿材料结构的 A 位是甲胺,B 位是铅离子(Pb^{2+}),X 位为卤素阴离子,如 Cl^-、Br^-、I^-等(图 143.1)。这种材料在 400～750 nm 波段有很强的吸收,结晶所需温度低,具有双极性半导体材料以及高的电荷载流子迁移率等优点。

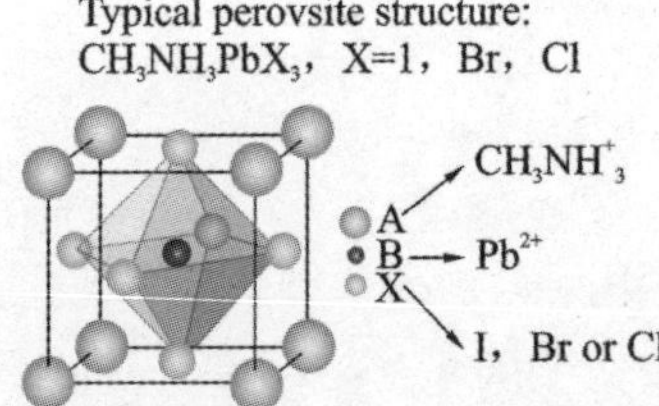

图 143.1 典型的钙钛矿结构

自从 Miyasaka 把钙钛矿材料引入太阳能电池领域之后,韩国科学家 Nam-Gyu Park 率先制备出了第一个全固态钙钛矿电池;同时,英国科学家 Henry J. Snaith 发现了钙钛矿的电荷输送特性;此外,瑞士科学家 Michael Grätzel 把染料敏化电池领域的很多人带到了钙钛矿电池领域;中国台湾科学家 Peter Chen 借鉴 OPV 结构,制备了第一个反式钙钛矿电池;韩国科学家 Sang Il Seok 对高效率钙钛矿电池做了很多贡献。

目前为止,钙钛矿电池的光电转化效率已经达 22.7%。钙钛矿电池快速发展的原因不仅仅是研究人员对钙钛矿材料很了解、钙钛矿电池器件结构跟染料敏化和 OPV 的结构很相似,更重要的是钙钛矿有简单的薄膜沉积方法。钙钛矿电池发展之初,大量的

研究人员把目光放在了如何把钙钛矿薄膜做好上。例如,2013 年 Sang Il Seok 提出了一步旋涂法制备碘化铅和碘化甲胺混合物,并在介孔二氧化钛上取得了 12%的光电转化效率,这种钙钛矿的表面是很粗糙的。随后,Michael Grätzel 提出了先沉积碘化铅随后在碘化甲胺溶液里浸泡的两步法策略,获得表面平整、覆盖率高的钙钛矿薄膜,从而把光电转化效率提高到 15%。目前大家用得最多的是反溶剂法,在一步法旋涂的过程中,滴加反溶剂进行萃取,这样可以获得高质量、大面积的钙钛矿薄膜。

2. 1 cm^2钙钛矿电池

2014 年,在电池效率记录表中尚没有钙钛矿电池的身影,如何把钙钛矿电池写入太阳能电池效率记录表成了我们的目标。各类太阳能电池的电池面积都在 1 cm^2 以上,做出有效率认证的、面积在 1 cm^2 以上的钙钛矿电池就是我们的目标。

前期,我们用 DMSO 代替 DMF 溶解碘化铅,首先得到无定型的碘化铅薄膜,从而获得很均匀的钙钛矿薄膜,用其制备的钙钛矿电池的效率分布比较集中,而且重复性好。当时制作的这些器件,寿命都很短,我们通过研究发现:正式结构中,为了增强 spiro-OMeTAD 的导电性而加入的 LiTFSI 是一种吸湿剂,将其放在桌面上 2 min 后,几乎有三分之一的 LiTFSI 被溶解掉,由于它吸收水分,才引起了钙钛矿的分解,导致器件的寿命很短。我们找到了一种 TTF-1(见图 143.2),用这种材料来代替 spiro-OMeTAD,取得了 1 cm^2 基础上 16.7%的光电转化效率,器件的稳定性较使用 spiro-OMeTAD 也有了很大的提高。我们随后把该电池送到 AIST 做效率认证,但是结果只拿到了 10.16%的效率认证结果。通过对比,发现两种测试的主要差别体现在短路电流密度上。然而当时并没有很好的解决办法。

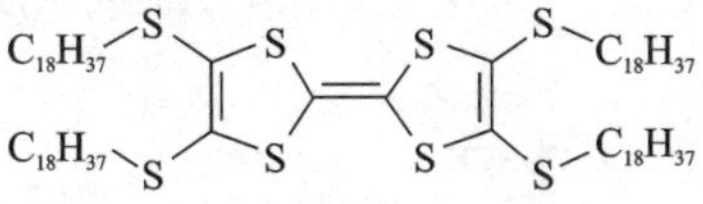

图 143.2 TTF-1 结构式

随后,我们把目光转向了反式结构钙钛矿电池(见图 143.3)。当我们把电导率为 1.66×10^{-4} Scm^{-1}的 NiO 通过掺杂变成电导率为 2.32×10^{-3} Scm^{-1}的 NiMgLiO,同时把电导率$\sim10^{-6}$ Scm^{-1}的 TiO_x通过掺杂变成电导率$\sim10^{-5}$ Scm^{-1}的 $Ti(Nb)O_x$之后,在 0.1 cm^2 的电池上取得了 18%的光电转化效率,并且在大于 1 cm^2 的电池上取得了 15.26%的效率认证。

2016 年,我们把 $MAPbI_3$钙钛矿换成 $FA_{0.85}MA_{0.15}Pb(I_{0.85}Br_{0.15})_3$钙钛矿以获取更高的光吸收效率,并且通过在反溶剂中加入少量 PCBM,获得了具有钙钛矿-富勒烯梯度异质结(GHJ)的高效的钙钛矿薄膜(见图 143.4),利用该薄膜把 1 cm^2 的电池的认证效率提高到了 18.21%。

2017 年,我们通过调节 $MAPbI_3$前驱体溶液中的添加剂,即同时加入 MAAc 和 TSC

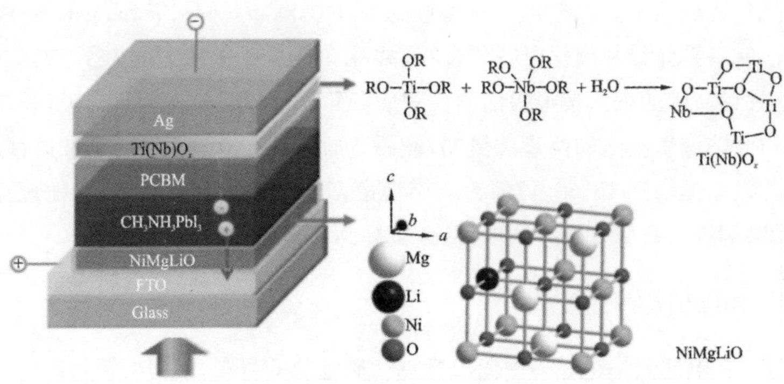

图 143.3　重掺杂钙钛矿电池结构

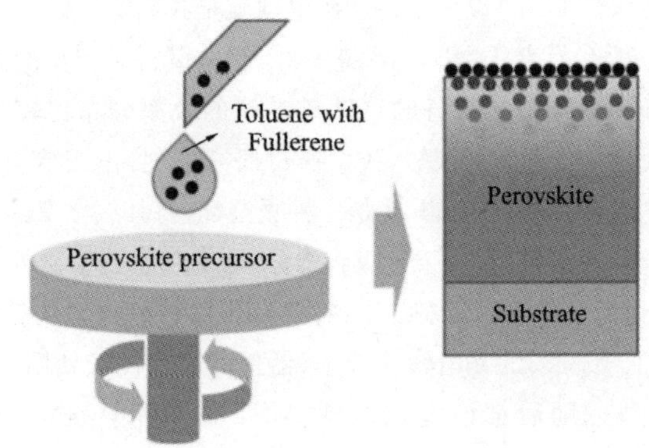

图 143.4　GHJ 获得制备过程

两种材料,利用一步旋涂的方法把 $MAPbI_3$ 钙钛矿电池的认证效率提高到19.19%(见图143.5)。

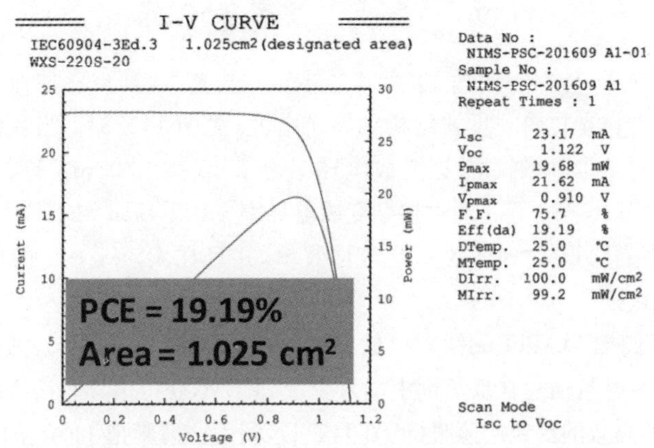

图 143.5　19.19%的认证效率

3. 稳定性

目前正式钙钛矿电池最高效率达到 22%,串联的电池组效率超过 25%。但是,钙钛矿电池的长期稳定性较差,这成为阻碍其商业化的最大阻碍。

钙钛矿电池之所以热稳定性不好,主要是由于碘离子扩散引起的热降解。我们利用石墨烯衍生物和富勒烯衍生物以及碳量子点的纳米碳层(CQDs/G-PCBM)制备出具有高稳定性的钙钛矿电池(见图 143.6)。与传统的 PCBM 材料相比,CQDs/G-PCBM 材料能有效地抑制离子/分子扩散。该电池取得了 15.6%的光电转化效率,封装后的器件在 1000 小时光老练或者在 85 摄氏度 50%湿度条件下老化 500 小时之后,器件光电转化效率仍能稳定保持在 15%以上。

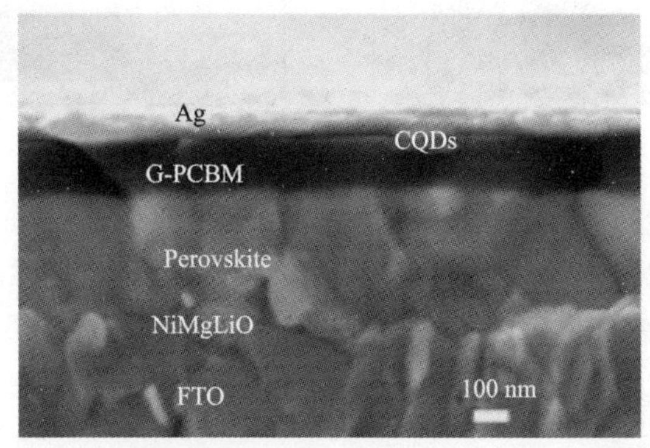

图 143.6　含有 CQDs/G-PCBM 层的钙钛矿电池截面

4. 大面积钙钛矿薄膜以及组件的制备

随着钙钛矿电池 1 cm^2 器件性能与光电转化效率的不断提高,我们把研究目光转到了制备扩大化的钙钛矿模组上来。钙钛矿电池能否向模组方向发展,取决于钙钛矿薄膜的沉积质量。一般来说,实验室采用的通常是旋涂法(spin-coating),由旋涂法制备小面积器件很好,但是做大器件就会有一定的局限性。制备大面积钙钛矿薄膜的方法包括在有机薄膜上有广泛应用的 Doctor-blade 和在 OPV 上常用的 Slot-die(见图 143.7)。

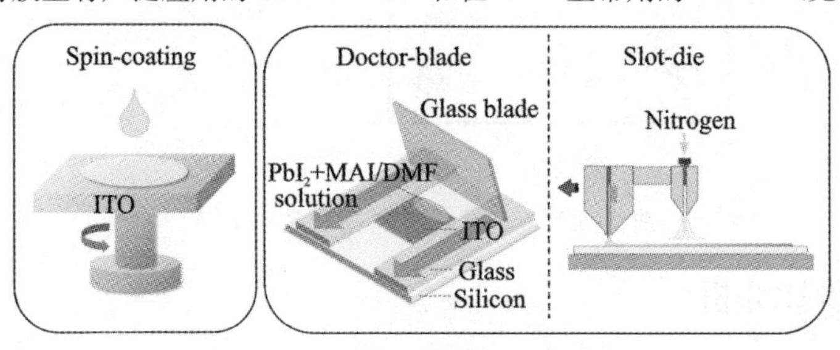

图 143.7　钙钛矿成膜方法展示图

我认为学术界的人们应该为产业界开发新的制备大面积钙钛矿薄膜的方法,最后由产业界来对方法的可行性做评估。随后我们发明了 soft-cover deposition 的方法来制备大面积钙钛矿薄膜(图 143.8)。利用该方法制备的钙钛矿薄膜较使用 spin-coating 方法而言更加均匀,钙钛矿粒径也更大。同时,该方法还具有原材料利用率高、复现性好等优点。利用该方法制备的钙钛矿电池取得了高于 16%的光电转化效率。

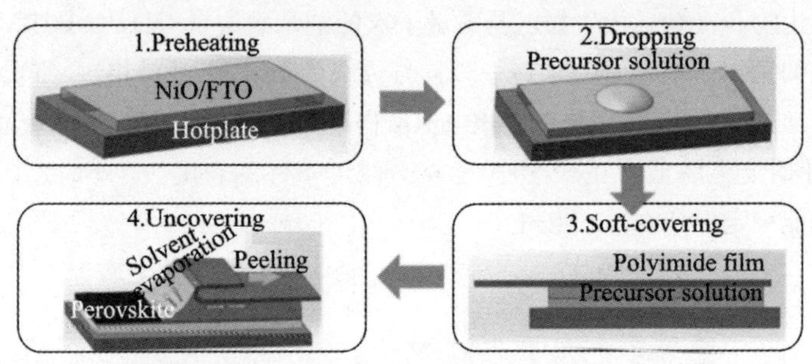

图 143.8　Soft-cover deposition 流程图

随后,我们开发了一种无溶剂的前驱体,分别把 CH_3NH_3I 和 PbI_2 用 CH_3NH_2 气体进行溶解,按比例混合得到。然后,我们把 soft-cover deposition 与该前驱体相结合,并施加相应的压力得到了面积大于 36 cm^2 的高质量钙钛矿薄膜。利用该方法,我们取得了第一个模组认证效率,其电池结构为正式结构,电池面积为 36.1 cm^2,光电转化效率为 12.1%(见图 143.9)。当我们把该方法用在反式结构上时,我们把 36 cm^2 上模组认证效率提高到了 13.89%。

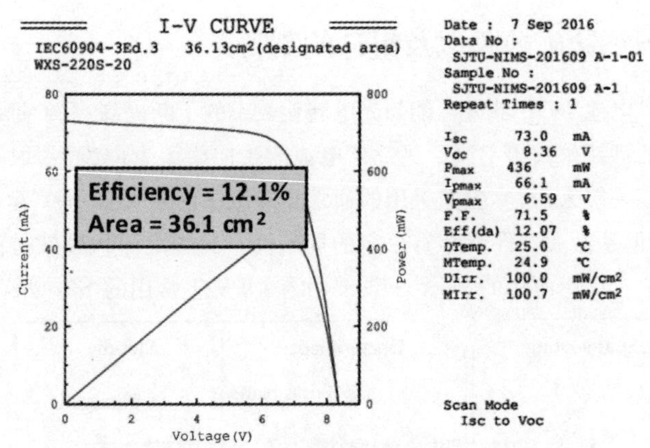

图 143.9　正式钙钛矿模组认证效率

5. 性价比分析

钙钛矿电池是否能够进行工业化生产和应用,成本因素至关重要。我们根据正式、反式结构钙钛矿电池,计算得出钙钛矿模块的价格是硅基电池的三分之一左右。并且得出结论:我们只要把模块(电池面积大于 1 m^2)的光电转化效率提高到 15%以及其稳定使用时间超过 15 年,该类模组就能够与硅基太阳能电池在市场上一较高下(见图 143.10)。这为钙钛矿电池的工业化进程明确了发展方向。

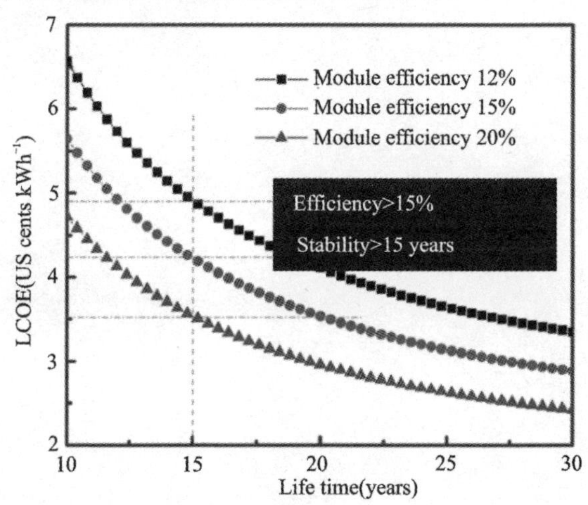

图 143.10　模块效率和长期稳定性对 LCOE 的影响

在这里,主要从 1 cm^2 钙钛矿电池、钙钛矿电池的稳定性、大面积钙钛矿薄膜、钙钛矿模块、钙钛矿电池的性价比分析等几个方面介绍了我们的工作。在钙钛矿电池工业化的进程中,我们还有很长的路要走。希望有更多的青年人加入这个领域,共同努力、共同推进钙钛矿电池事业的发展。

(审核:韩礼元　陈炜)